U0290789

工业机器人操作与运维实训（中级）

北京新奥时代科技有限责任公司　组编

电子工业出版社
Publishing House of Electronics Industry
北京·BEIJING

内 容 简 介

为贯彻落实《国家职业教育改革实施方案》，积极推动 1+X 证书制度的实施，北京新奥时代科技有限责任公司组织编写了《工业机器人操作与运维实训（中级）》教材。

本教材的编写以《工业机器人操作与运维职业技能等级标准》为依据，围绕工业机器人的人才需求与岗位能力进行内容设计。内容包括工业机器人安全操作，工业机器人机械拆装，工业机器人安装，工业机器人外围系统安装，工业机器人系统设置，工业机器人运动模式测试，工业机器人零点标定与调试，工业机器人坐标系标定，工业机器人程序备份与恢复，搬运码垛工作站操作与编程，装配工作站操作与编程，工业机器人常规检查，工业机器人本体及控制柜定期检查与维护，工业机器人本体及控制柜故障诊断与处理 14 个实训项目。实训内容重点运用了"工业机器人安全操作规范""工业机器人技术基础""工业机器人现场编程""工业机器人维修维护"等核心知识。本教材以任务驱动的方式安排内容，选取工业机器人搬运码垛、装配典型应用作为教学案例。

本教材可作为 1+X 证书制度试点工作中的工业机器人操作与运维职业技能等级标准的教学和培训的教材，也可作为期望从事工业机器人操作与运维工作人员的自学参考书。

图书在版编目（CIP）数据

工业机器人操作与运维实训: 中级 / 北京新奥时代科技有限责任公司组编. —北京: 电子工业出版社, 2019.10

ISBN 978-7-121-37868-3

Ⅰ. ①工… Ⅱ. ①北… Ⅲ. ①工业机器人－高等学校－教材 Ⅳ. ①TP242.2

中国版本图书馆 CIP 数据核字（2019）第 252953 号

责任编辑: 胡辛征　　　　特约编辑: 田学清
印　　刷: 三河市兴达印务有限公司
装　　订: 三河市兴达印务有限公司
出版发行: 电子工业出版社
　　　　　北京市海淀区万寿路 173 信箱　　　　　邮编: 100036
开　　本: 787×1092　　1/16　　印张: 8.75　　字数: 188 千字
版　　次: 2019 年 10 月第 1 版
印　　次: 2025 年 1 月第 15 次印刷
定　　价: 35.00 元

凡所购买电子工业出版社图书有缺损问题，请向购买书店调换。若书店售缺，请与本社发行部联系，联系及邮购电话: (010) 88254888，88258888。

质量投诉请发邮件至 zlts@phei.com.cn，盗版侵权举报请发邮件至 dbqq@phei.com.cn。

本书咨询联系方式: (010) 88254361，hxz@phei.com.cn。

前　言

　　2019 年，国务院正式发布了《国家职业教育改革实施方案》，该方案要求把职业教育摆在更加突出的位置，对接科技发展趋势和市场需求，完善职业教育和培训体系，优化学校、专业布局，深化办学体制改革和育人机制改革，鼓励和支持社会各界特别是企业积极支持职业教育，着力培养高素质劳动者和技术技能人才，为促进经济社会发展和提高国家竞争力提供优质人才资源支撑。

　　实施职业技能等级证书制度培养复合型技能人才，是应对新一轮科技革命和产业变革的挑战、促进人才培养供给侧和产业需求侧结构要素全方位融合的重大举措；是促进职业院校加强专业建设、深化课程改革、增强实训内容、提高师资水平、全面提升教育教学质量的重要着力点；是促进教育链、人才链与产业链、创新链有机衔接的重要途径；对深化产教融合、校企合作，健全多元化办学体制，完善职业教育和培训体系有重要意义。

　　新一轮科技革命和产业变革的到来，推动了产业结构调整与经济转型升级发展新业态的出现。在战略性新兴产业爆发式发展的同时，新一轮科技革命和产业变革对新时代产业人才的培养提出了新的要求与挑战。工业和信息化部教育与考试中心在 2018 年发布的《工业机器人应用人才现状与需求调研报告》中提出，目前我国工业机器人应用产业开始加速发展，工业机器人已广泛应用于汽车及汽车零部件制造业、机械加工行业、电子电气行业、橡胶及塑料工业、食品工业、木材与家具制造业等领域，弧焊机器人、点焊机器人、分拣机器人、装配机器人、喷涂机器人及搬运机器人等工业机器人都已被大量采用。工业机器人标准化、模块化、网络化和智能化的程度越来越高，功能也越来越强，正向着成套技术和装备的方向发展。随着工业机器人应用领域的不断拓宽，出现了人才短缺与发展不均衡的问题，目前工业机器人本体制造企业、系统集成企业、应用企业对工业机器人操作与运维人才的需求量较大。

　　工业和信息化部教育与考试中心多年来致力于工业和信息通信业的人才培养和选拔工作，在实施工业和信息化人才培养工程的基础上，依据教育部有关落实《国家职业教育改革实施方案》的相关要求，以客观反映现阶段行业的水平和对从业人员的要求为目标，在遵循有关技术规程的基础上，以专业活动为导向，以专业技能为核心，组织了以企业工程师、高职和本科院校的学术带头人为主的专家团队，开发了《工业机器人操作与运维实训（中级）》教材。本教材由谭志彬、龚玉涵、刁秀珍、邓艳丽、孔帅、王瑞、北京华航唯实机器人科技股份有限公司参与编写，得到了蒋作栋、张红梅、夏智武、双元职教（北京）科技有限公司、山东栋梁科技设备有限公司和北京奔驰汽车有限公司的大力支持，以《工业机器人操作与运维职业技能等级标准》的职业素养、职业专业技能等内容为依据，以工作项目为模块，依照工作任务进行组编。

工业机器人操作与运维初级、中级、高级人员主要是围绕现阶段智能制造工业机器人行业应用技术发展水平，以工业机器人本体制造企业、系统集成企业、应用企业3种不同类型企业对从业人员的要求为目标，培养具有良好的安全生产意识、节能环保意识，遵循工业安全操作规程和职业道德规范，精通工业机器人基本结构，能够依据工业机器人应用方案、机械装配图、电气原理图和工艺指导文件指导并完成工业机器人系统的安装、调试及标定，能够对工业机器人进行复杂程序（抛光打磨、焊接）的操作及调整，能够发现工业机器人的常规及异常故障并进行处理，能够进行预防性维护的技能型人才。

教材的主要内容包括工业机器人安全操作，工业机器人机械拆装，工业机器人安装，工业机器人外围系统安装，工业机器人系统设置，工业机器人运动模式测试，工业机器人零点标定与调试，工业机器人坐标系标定，工业机器人程序备份与恢复，搬运码垛工作站操作与编程，装配工作站操作与编程，工业机器人常规检查，工业机器人本体及控制柜定期检查与维护，工业机器人本体及控制柜故障诊断与处理14个实训项目。

本教材突出案例教学，在全面、系统地介绍各项目内容的基础上，以实际工业生产中的现场典型工作任务为案例，将理论知识和案例结合起来。教材内容全面，由浅入深，详细介绍了工业机器人在应用中涉及的核心技术和技巧，并重点讲解了读者在学习过程中难以理解和掌握的知识点，降低了读者的学习难度。本教材主要用于1+X证书制度试点教学、中高职院校工业机器人专业教学、工业和信息化信息技术人才培训、工业机器人应用企业内训等。

编　者

2019 年 10 月

目　录

项目 1

工业机器人安全操作

项目导言

　　本项目对工业机器人安全准备工作和通用安全操作要求进行了详细的讲解，并设置了丰富的实训任务，可以使读者通过实操掌握工业机器人安全操作事项。

项目目标

　　（1）全面了解工业机器人系统中存在的安全风险。

　　（2）遵守通用安全操作规范，安装、维护、操作工业机器人。

　　（3）正确穿戴工业机器人安全作业服和安全防护装备。

```
┌──────────────────┐   ┌─────────────┐
│  工业机器人安全操作  ├───┤  安全准备工作  │
│                  │   ├─────────────┤
│                  ├───┤ 通用安全操作要求 │
└──────────────────┘   └─────────────┘
```

任务 1.1　安全准备工作

【任务描述】

根据某工业机器人工作站的安全操作指导书，了解工业机器人系统中存在的安全风险，并能够在操作工业机器人系统之前正确穿戴工业机器人安全作业服和安全防护装备。

【任务目标】

（1）了解工业机器人系统中存在的安全风险。

（2）正确穿戴工业机器人安全作业服和安全防护装备。

【所需工具、文件】

安全操作指导书、安全帽、安全作业服、安全防护鞋。

【课时安排】

建议 2 学时，其中，学习相关知识 1 学时；练习 1 学时。

【工作流程】

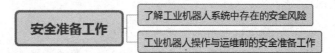

安全准备工作　　了解工业机器人系统中存在的安全风险

　　　　　　　　工业机器人操作与运维前的安全准备工作

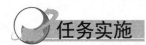

任务实施

1.1.1　了解工业机器人系统中存在的安全风险

工业机器人是一种自动化程度较高的智能装备。在操作工业机器人前，操作人员需要先了解工业机器人操作或运行过程中可能存在的各种安全风险，并能够对安全风险进行控制，需要关注的安全风险主要包括以下几个方面。

1. 工业机器人系统非电压相关的安全风险

工业机器人系统非电压相关的安全风险包括以下几项。

（1）工业机器人的工作空间前方必须设置安全区域，防止他人擅自进入，可以配备安全光栅或感应装置作为配套装置。

（2）如果工业机器人采用空中安装、悬挂或其他并非直接坐落于地面的安装方式，可能会比直接坐落于地面的安装方式存在更多的安全风险。

（3）在释放制动闸时，工业机器人的关节轴会受到重力影响而坠落。除了可能受到运动的工业机器人部件撞击外，还可能受到平行手臂的挤压（如有此部件）。

（4）工业机器人中存储的用于平衡某些关节轴的电量可能在拆卸工业机器人或其部件时释放。

（5）在拆卸/组装机械单元时，请提防掉落的物体。

（6）注意运行中或运行结束的工业机器人及控制器中存在的热能。在实际触摸之前，务必先用手在一定距离感受可能会变热的组件是否有热辐射。如果要拆卸可能会变热的组件，请等到它冷却后，或者采用其他方式进行预处理。

（8）切勿将工业机器人当作梯子使用，这可能会损坏工业机器人，由于工业机器人的电动机可能会产生高温，或工业机器人可能会发生漏油现象，所以攀爬工业机器人会存在严重的滑倒风险。

2. 工业机器人系统电压相关的安全风险

工业机器人系统电压相关的安全风险包括以下几项。

（1）尽管有时需要在通电情况下进行故障排除，但是在维修故障、断开或连接各单元时必须关闭工业机器人系统的主电源开关。

（2）工业机器人主电源的连接方式必须保证操作人员可以在工业机器人的工作空间之外关闭整个工业机器人系统。

（3）在系统上操作时，确保没有其他人可以打开工业机器人系统的电源。

（4）注意控制器的以下部件伴有高压危险。

① 注意控制器（直流链路、超级电容器设备）存有电能。

② I/O 模块之类的设备可由外部电源供电。

③ 主电源开关。

④ 变压器。

⑤ 电源单元。

⑥ 控制电源（230V AC）。

⑦ 整流器单元（262/400～480V AC 和 400/700V DC）。

⑧ 驱动单元（400/700V DC）。

⑨ 驱动系统电源（230V AC）。

⑩ 维修插座（115/230V AC）。

⑪ 用户电源（230V AC）。

⑫ 机械加工过程中的额外工具电源单元或特殊电源单元。

⑬ 即使已断开工业机器人与主电源的连接，控制器连接的外部电压仍存在。

⑭ 附加连接。

（5）注意工业机器人以下部件伴有高压危险。

① 电动机电源（高达 800V DC）。

② 末端执行器或系统中其他部件的用户连接（最高 230V AC）。

（6）需要注意末端执行器、物料搬运装置等的带电风险。

请注意，即使工业机器人系统处于关机状态，末端执行器、物料搬运装置等也可能是带电的。在工业机器人工作过程中，处于运行状态的电缆可能会出现破损。

1.1.2 工业机器人操作与运维前的安全准备工作

任何负责安装、维护、操作工业机器人的人员务必阅读并遵循以下通用安全操作规范。

（1）只有熟悉工业机器人并且经过工业机器人安装、维护、操作方面培训的人员才允许安装、维护、操作工业机器人。

（2）安装、维护、操作工业机器人的人员在饮酒、服用药品或兴奋药物后，不得安装、维护、使用工业机器人。

（3）安装、维护、操作工业机器人的人员必须有意识地对自身安全进行保护，必须主动穿戴安全帽、安全作业服、安全防护鞋。

（4）在安装、维护工业机器人时必须使用符合安装、维护要求的专用工具，安装、维护工业机器人的人员必须严格按照安装、维护说明手册或安全操作指导书中的步骤进行安装和维护。

安全准备工作任务操作表如表 1-1 所示。

表 1-1　安全准备工作任务操作表

序　号	操 作 要 求
1	熟悉安全生产规章制度
2	正确穿戴工业机器人安全作业服，防止当零部件掉落时砸伤操作人员
3	正确穿戴工业机器人安全帽，防止工业机器人系统零部件的尖角或在操作工业机器人末端执行器工作时划伤操作人员

任务 1.2　通用安全操作要求

【任务描述】

某公司开始进行工业机器人工作站的安装，安装人员已经可以正确穿戴工业机器人安全作业服与安全防护装备，请根据安全生产规章制度，对安装人员进行安全操作技能培训。

【任务目标】

（1）培养安全生产意识。
（2）正确识读工业机器人安全标识。
（3）正确识别工业机器人安全姿态及安全区域。
（4）正确判断工业机器人周边是否安全。

【所需工具、文件】

工业机器人安全标识、安全操作指导书。

【课时安排】

建议 2 学时，其中，学习相关知识 1 学时；练习 1 学时。

【工作流程】

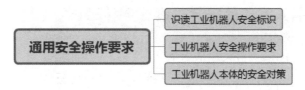

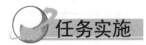
任务实施

1.2.1　识读工业机器人安全标识

在从事与工业机器人操作相关的作业时，一定要注意相关的警告标识，并严格按照相关标识的指示执行操作，以此确保操作人员和工业机器人本体的安全，并逐步提高操作人员的安全防范意识和生产效率。

常用的工业机器人安全标识有危险提示、转动危险提示、叶轮危险提示、螺旋危险提示等 16 种安全标识。

1.2.2　工业机器人安全操作要求

工业机器人在工作时其工作空间都是危险场所，稍有不慎就有可能发生事故。因此，相关操作人员必须熟知工业机器人安全操作要求，从事安装、操作、保养等操作的相关人员，必须遵守运行期间安全第一的原则。操作人员在使用工业机器人时需要注意以下事项。

（1）避免在工业机器人的工作场所周围做出危险行为，接触工业机器人或周边机械有可能造成人身伤害。

（2）为了确保安全，在工厂内请严格遵守"严禁烟火""高电压""危险""无关人员禁止入内"等标识。

（3）不要强制搬动、悬吊、骑坐在工业机器人上，以免造成人身伤害或者设备损坏。

（4）绝对不要依靠在工业机器人或者其他控制柜上，不要随意按动开关或者按钮，否则工业机器人会发生意想不到的动作，造成人身伤害或者设备损坏。

（5）当工业机器人处于通电状态时，禁止未接受培训的操作人员触摸工业机器人控制柜和示教器，否则工业机器人会发生意想不到的动作，造成人身伤害或者设备损坏。

1.2.3　工业机器人本体的安全对策

工业机器人本体的安全对策包括以下几项。

（1）工业机器人的设计应去除不必要的凸起或锐利的部分，采用适应作业环境的材料，以及在工作中不易发生损坏或事故的安全防护结构。此外，应在工业机器人的使用过程中配备错误动作检测停止功能和紧急停止功能，以及当外围设备发生异常时防止工业机器人造成危险的连锁功能等，保证操作人员安全作业。

（2）工业机器人主体为多关节的机械臂结构，在工作过程中各关节角度不断变化。当进行示教等作业，必须接近工业机器人时，请注意不要被关节部位夹住。各关节动作端设有机械挡块，操作人员被夹住的可能性很高，尤其需要注意。此外，若解除制动器，机械臂可能会因自身重量而掉落或朝不定方向乱动。因此必须实施防止掉落的措施，并确认周围环境安全后，再行作业。

（3）在末端执行器及机械臂上安装附带机器时，螺钉应严格按照本书规定的尺寸和数量，再使用扭矩扳手按规定扭矩进行紧固。此外，不得使用生锈或有污垢的螺钉。规定外的和不完善的紧固螺钉的方法可能会使螺钉出现松动，从而导致重大事故的发生。

（4）在设计、制作末端执行器时，应将末端执行器的质量控制在工业机器人腕部的负荷容许范围内。

（5）应采用安全防护结构，即使当末端执行器的电源或压缩空气的供应被切断时，也不会发生末端执行器抓取的物体被放开或飞出的事故，并对工业机器人边角部位或突出部位进行处理，防止对人或物造成伤害。

（6）严禁向工业机器人供应规格外的电力、压缩空气、焊接冷却水，这些会影响工业机器人的动作性能，引起异常动作、故障或损坏等。

（7）大型系统由多名操作人员进行作业，操作人员必须在相距较远处进行交谈时，应使用正确手势传达意图，如图 1-1 所示。

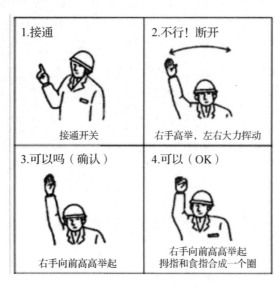

图 1-1　操作人员手势

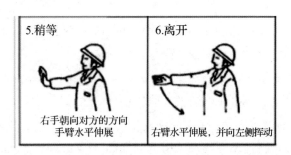

图 1-1 操作人员手势（续）

通用安全操作要求任务操作表如表 1-2 所示。

表 1-2 通用安全操作要求任务操作表

序　号	操 作 要 求
1	正确识读工业机器人安全标识
2	正确识别工业机器人安全姿态及安全区域
3	熟悉安全操作要求和安全生产规章制度
4	熟悉工业机器人本体的安全对策

项目2
工业机器人机械拆装

 项目导言

本项目围绕工业机器人安装岗位的职责和企业实际生产中工业机器人机械拆装等内容，对工业机器人系统外部拆包的方法和流程，以及机械拆装工具与测量工具进行了详细的讲解，并设置了丰富的实训任务，可以使读者通过实操进一步掌握工业机器人系统外部拆包的方法和流程。

 项目目标

（1）培养工业机器人系统外部拆包的能力。

（2）掌握机械拆装工具与测量工具的功能和使用方法。

| 工业机器人机械拆装 | 工业机器人系统外部拆包 |
| | 常用工具的认识 |

任务 2.1 工业机器人系统外部拆包

【任务描述】

在安装某工作站的工业机器人之前，需要先将未拆包的工业机器人、控制柜、示教器从包装箱中取出，再根据实际情况选择合适的拆包工具，最后根据实训指导手册完成工业机器人系统的外部拆包。

【任务目标】

（1）确认拆包前包装箱的外观没有破损，并确认拆包过程中需要使用的工具。
（2）根据实训指导手册完成对工业机器人系统的外部拆包。

【所需工具、文件】

斜口钳、撬棒、一字螺丝刀、纯棉手套、实训指导手册。

【课时安排】

建议 2 学时，其中，学习相关知识 1 学时；练习 1 学时。

【工作流程】

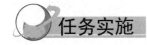

2.1.1 工业机器人拆包前的准备

工业机器人拆包前的准备如下所示。

（1）第一时间检查包装箱的外观是否有破损，是否有进水等异常情况，如果有问题请马上联系厂家及物流公司进行处理。

（2）观察包装箱的形式，选择合适的拆包工具。

2.1.2　工业机器人拆包流程

工业机器人拆包流程如下所示。

（1）剪断包装箱上的绑带。

（2）拆木箱时，先拆木箱顶盖，再拆木箱四周。

2.1.3　清点装箱物品

工业机器人由工业机器人本体、驱动系统及控制系统 3 个基本部分组成。

在标准的发货清单中，工业机器人系统包括 4 项内容，即工业机器人本体、工业机器人控制柜、供电电缆（工业机器人本体与控制柜之间的电缆）、示教器。另外会有安全说明、出厂清单、基本操作说明书和装箱清单等文档。工业机器人系统外部拆包任务操作表如表 2-1 所示。

表 2-1　工业机器人系统外部拆包任务操作表

序　号	操 作 步 骤
1	第一时间检查包装箱的外观是否有破损，是否有进水等异常情况
2	使用工具剪断包装箱上的绑带
3	拆木箱时先拆木箱顶盖，再拆木箱四周
4	打开工业机器人的保护塑料膜，检查工业机器人本体与控制柜的外观
5	根据出厂清单，核对部件数量

任务 2.2　常用工具的认识

【任务描述】

在进行工业机器人本体和控制柜的拆装之前，需要先认识并了解机械拆装过程中的机械拆装工具和测量工具的功能和使用方法，然后根据工业机器人本体、控制柜的实际情况，结合实训指导手册选用机械拆装工具和测量工具。

【任务目标】

（1）掌握机械拆装工具的使用方法。

（2）掌握机械测量工具的使用方法。

（3）掌握电气测量工具的使用方法。

（4）根据生产工艺和要求正确选用测量工具。

【所需工具】

内六角扳手、活动扳手、螺丝刀、扭矩扳手、卡尺、千分尺、水平尺、试电笔、数字万用表。

【课时安排】

建议 2 学时，其中，学习相关知识 1 学时；练习 1 学时。

【工作流程】

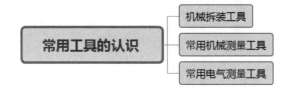

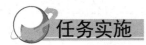

2.2.1 机械拆装工具

1）内六角扳手

工业机器人系统需要大量使用内六角圆柱头螺钉、六角半沉头螺钉进行安装固定。内六角扳手规格（单位 mm）：1.5、2、2.5、3、4、5、6、8、10、12、14、17、19、22、27，内六角扳手实物图如图 2-1 所示。

2）活动扳手

活动扳手简称活扳手，其开口宽度可在一定范围内进行调节，是一种用于紧固和起松不同规格螺母和螺栓的工具，如图 2-2 所示。

3）螺丝刀

螺丝刀是一种用于拧转螺钉使其就位的工具，通常有一个薄楔形或十字形头，可插入螺钉头部的槽缝或凹口内。螺丝刀在拧转螺钉时利用了轮轴的工作原理，轮轴越大越省力，所以与细把的螺丝刀相比，使用粗把的螺丝刀拧螺钉更省力。螺丝刀主要包括一字（负号）螺丝刀和十字（正号）螺丝刀两种类型，如图 2-3 所示。

图 2-1　内六角扳手实物图　　　　图 2-2　活动扳手实物图

图 2-3　螺丝刀实物图

4）扭矩扳手

扭矩扳手是一种带有扭矩测量机构的拧紧测量工具，它用于紧固螺栓和螺母，并能够测量出拧紧时的扭矩值。扭矩扳手的精度分为 7 个等级，分别为 1 级、2 级、3 级、4级、5 级、6 级、7 级，等级越高精度越低。表盘式扭矩扳手如图 2-4 所示。

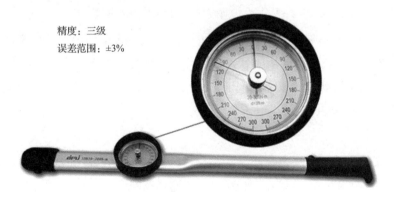

精度：三级
误差范围：±3%

图 2-4　表盘式扭矩扳手

使用扭矩扳手时的注意事项如下所示。

（1）根据工件所需的扭矩值要求，确定预设扭矩值。

（2）在设置预设扭矩值时，将扭矩扳手手柄上的锁定环下拉，同时转动手柄，调节标尺主刻度线和微分刻度线数值至所需扭矩值。调节好后，松开锁定环，手柄自动锁定。

（3）在扭矩扳手方榫上安装相应规格的套筒，并套住紧固件，再慢慢施加外力。施加外力的方向必须与标明的箭头方向一致。拧紧时当听到"咔嗒"的一声（已达到预设扭矩值）时，停止施加外力。

（4）在使用大规格扭矩扳手时，可外加接长套杆以便节省操作人员的力气。

（5）扭矩扳手若长期不用，调节其标尺刻度线至扭矩最小数值处。

2.2.2 常用机械测量工具

常用的机械测量工具有卡尺、千分尺、水平尺等。

1）卡尺

卡尺一般用于测量外径、内径和深度。卡尺主要有游标卡尺、带标卡尺、数显卡尺等。游标卡尺示意图如图 2-5 所示。

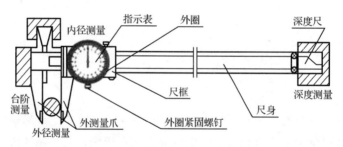

图 2-5　游标卡尺示意图

下面以 10 分度游标卡尺为例，说明游标卡尺的读数原理。

游标尺上两个相邻刻度之间的距离为 0.9mm，比主尺上两个相邻刻度之间的距离小 0.1mm。读数时先从主尺上读出厘米数和毫米数，然后用游标尺读出 0.1 毫米位的数值，游标尺的第几条刻度线跟主尺上某一条刻度线对齐，0.1 毫米位就读零点几毫米。游标卡尺的读数精确到 0.1mm。

2）千分尺

千分尺又称为螺旋测微器、螺旋测微仪、分厘卡等，是比游标卡尺更精密的测量长度的工具，用它测量长度可以精确到 0.01mm，测量范围为几厘米。千分尺示意图如图 2-6 所示。

千分尺的测量原理：精密螺纹的螺距为 0.5mm，即旋钮旋转一周，测量螺杆前进或后退 0.5mm。可动微分筒上的刻度等分为 50 份，每一小格表示 0.01mm。

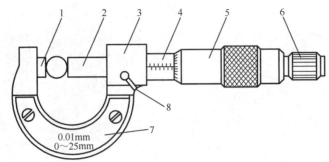

1—测砧；2—测微螺杆；3—螺母套管；4—固定套管；5—微分筒；6—棘轮旋柄；7—尺架；8—锁紧装置

图 2-6　千分尺示意图

3）水平尺

水平尺是一种利用液面水平原理，通过水准泡直接显示角位移，测量被测表面相对水平位置、垂直位置、倾斜位置偏离程度的测量工具。主要用于建筑、装修、装饰行业中地面、墙面、门窗、玻璃幕墙的平整度、倾斜度、水平度、垂直度的测量。水平尺实物图如图 2-7 所示。

图 2-7　水平尺实物图

常见水平尺的精度为 0.02mm。水平尺的刻度每格表示 0.02mm，即每有一格的偏差代表被测物体在一米长度内有一头高出了 0.02mm。

2.2.3　常用电气测量工具

常用电气测量工具有试电笔、数字万用表等。

1）试电笔

试电笔也叫测电笔，简称电笔，是一种电工工具，用于测试导线中是否带电。试电笔的笔体中有一个氖泡，测试时如果氖泡发光，说明该导线有电或该导线为通路的火线。试电笔实物图如图 2-8 所示。

2）数字万用表

数字万用表可用于测量直流电压、交流电压、直流电流、交流电流、电阻、电容、频率、电池、二极管等。数字万用表实物图如图 2-9 所示。

图 2-8　试电笔实物图　　　　　图 2-9　数字万用表实物图

常用工具的认识任务操作表如表 2-2 所示。

表 2-2　常用工具的认识任务操作表

序　号	操 作 步 骤
1	认识机械拆装工具
2	将测量工具分为机械测量工具和电气测量工具
3	根据分类不同，将测量工具归类并放在相应的位置

项目 3
工业机器人安装

项目导言

本项目围绕工业机器人运维岗位的职责和企业实际生产中工业机器人运维的工作内容，讲解了识读工业机器人工作站的机械布局图的方法，介绍了按照工业机器人工作站的机械布局图安装工业机器人本体、工业机器人控制柜、工业机器人示教器、工业机器人末端执行器的方法，并设置了丰富的实训任务，可以使读者通过实操进一步掌握工业机器人的本体、控制柜、示教器、末端执行器的安装方法。

项目目标

（1）培养识读工业机器人工作站机械布局图的能力。

（2）培养安装工业机器人本体的能力。

（3）培养安装工业机器人控制柜的能力。

（4）培养安装工业机器人示教器的能力。

（5）培养安装工业机器人末端执行器的能力。

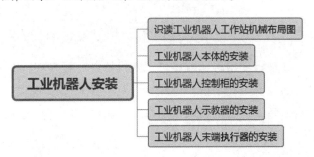

任务 3.1　识读工业机器人工作站机械布局图

【任务描述】

根据某工业机器人工作站的机械布局图，识别并确定工业机器人工作站台面上各工艺单元和主要部件的安装位置，了解各工艺单元的功能。

【任务目标】

（1）根据工业机器人工作站的机械布局图，识别工业机器人工作站台面上各工艺单元和主要部件的安装位置。

（2）了解工业机器人工作站各工艺单元的功能。

【所需文件】

工业机器人工作站的机械布局图。

【课时安排】

建议 3 学时，其中，学习相关知识 1 学时；练习 2 学时。

【工作流程】

```
                                          ┌─ 了解工业机器人工作站的组成
识读工业机器人工作站机械布局图 ──┤
                                          └─ 了解各工艺单元的功能
```

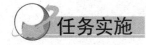

任务实施

3.1.1　了解工业机器人工作站的组成

工业机器人工作站是指使用一台或多台工业机器人，配以相应的外围设备，用于完成某一特定工序作业的独立生产系统，也称为工业机器人工作单元。常见的工业机器人工作站有搬运工作站、码垛工作站、焊接工作站、抛光打磨工作站等。

工业机器人工作站主要由工业机器人、电气控制系统、工装系统、人机界面、专用系统等辅助设备及其他外围设备组成。

3.1.2　了解各工艺单元的功能

1）工业机器人

用于现场作业的工业机器人是工业机器人工作站的核心，包括工业机器人的本体、控制柜、示教器。

2）电气控制系统

电气控制系统包括工业机器人工作站的驱动线路及控制部分，如 PLC 控制系统。电气控制系统控制、管理整个作业过程。

3）工装系统

工装系统用于工件的固定、操作、加工等作业，包括工业机器人的末端执行器。

4）人机界面

人机界面包括触摸屏、操作面板等，操作人员通过人机界面操作工业机器人工作站进行生产作业。

5）专用系统

在一些行业中，工业机器人的集成应用需要配置专用系统，如焊接系统、喷胶系统、打磨系统等。这些专用系统能够完成特定工艺的工作。

识读工业机器人工作站机械布局图任务操作表如表 3-1 所示。

表 3-1　识读工业机器人工作站机械布局图任务操作表

序　号	操 作 步 骤
1	了解工业机器人工作站的组成
2	分析工业机器人工作站的布局结构
3	识别工业机器人工作站各工艺单元和主要部件的安装位置
4	了解工业机器人工作站各工艺单元的功能
5	分析工业机器人工作站的工作流程

任务 3.2　工业机器人本体的安装

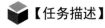 【任务描述】

操作人员已经识读了工业机器人工作站的机械布局图，了解了工业机器人工作站的

构成，请根据机械装配图，确认合适的安装位置，选择合适的安装工具和标准件，完成对工业机器人本体的安装。

【任务目标】

（1）确定安装位置。

（2）根据安装工艺卡完成对工业机器人本体的安装。

【所需工具、文件】

内六角扳手、机械装配图、安装工艺卡。

【课时安排】

建议 2 学时，其中，学习相关知识 1 学时；练习 1 学时。

【工作流程】

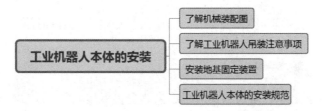

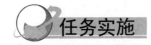

3.2.1 了解机械装配图

机械装配图是生产中重要的技术文件，它主要表达了机器或部件的结构、形状、装配关系、工作原理和技术要求。在设计机器或部件的过程中，一般先根据设计思想画出机械装配示意图，再根据机械装配示意图画出机械装配图，最后根据机械装配图画出零件图（拆图）。机械装配图是安装、调试、操作、检修工业机器人工作站的重要依据。

3.2.2 了解工业机器人吊装注意事项

原则上使用行车等机械对工业机器人进行吊装，搬运示意图如图 3-1 所示。在吊装时，软吊绳的安装方法如图 3-1 所示，将 J2 和 J3 调整到如图 3-1 所示位置。为了保证工业机器人的外观不被磨损，在工业机器人与软吊绳的接触处用防护软垫等物体进行保护。

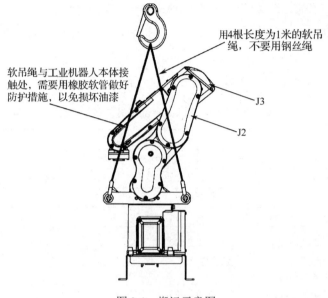

图 3-1　搬运示意图

图中标注文字：
用4根长度为1米的软吊绳，不要用钢丝绳
软吊绳与工业机器人本体接触处，需要用橡胶软管做好防护措施，以免损坏油漆
J3
J2

3.2.3　安装地基固定装置

针对带定中装置的地基固定装置，通过底板和锚栓（化学锚栓）将工业机器人固定在合适的混凝土地基上。地基固定装置由带固定件的销和剑形销、六角螺栓及蝶形垫圈、底板、锚栓、注入式化学锚固剂和动态套件等组成。

如果混凝土地基的表面不够光滑和平整，则用合适的工具和修整方法将其调整至平整。如果使用锚栓（化学锚栓），则只能使用同一个生产商生产的化学锚固剂和地脚螺栓（螺杆），在钻取锚栓孔时，不得使用金刚石钻头或者底孔钻头，最好使用锚栓生产商生产的钻头，另外还要注意遵守有关使用化学锚栓的生产商的说明。

3.2.4　工业机器人本体的安装规范

安装、维护、操作工业机器人的人员务必阅读并遵循以下通用安全操作规范。

（1）只有熟悉工业机器人并且经过工业机器人安装、维护、操作方面培训的人员才允许安装、维护、操作工业机器人。

（2）安装、维护、操作工业机器人的人员在饮酒、服用药品或兴奋药物后，不得安装、维护、使用工业机器人。

（3）安装、维护、操作工业机器人的人员必须有意识地对自身安全进行保护，必须主动穿戴安全帽、安全作业服、安全防护鞋。

（4）在安装、维护工业机器人时必须使用符合安装、维护要求的专用工具，安装、维护工业机器人的人员必须严格按照安装、维护说明手册或安全操作指导书中的步骤进行安装和维护。

工业机器人本体的安装任务操作表如表 3-2 所示。

表 3-2　工业机器人本体的安装任务操作表

序　号	操 作 步 骤
1	准备安装工具、机械装配图、安装工艺卡及安装需要的标准件
2	根据机械装配图确认工业机器人本体的安装位置，并做好安装位置标记
3	根据安装位置标记安装地基固定装置
4	根据吊装手册，将工业机器人调整到吊装状态
5	移动行车，紧固吊装板，使用软吊绳吊装工业机器人本体
6	将工业机器人本体吊装在地基固定装置上，选择固定标准件，安装固定工业机器人本体
7	根据安装孔距调整工业机器人本体的位置，紧固螺栓
8	使用扭矩扳手检查螺栓的安装力矩，并使用记号笔做好防松标记
9	安装工业机器人底座定位销，完成工业机器人本体的安装

任务 3.3　工业机器人控制柜的安装

【任务描述】

某工业机器人工作站已完成对工业机器人本体的安装，接下来需要完成对工业机器人控制柜的安装及线路连接。在认识了工业机器人控制柜的内部结构和组成后，根据机械布局图、安装工艺卡及电气原理图完成工业机器人控制柜的安装与线路连接。

【任务目标】

（1）了解工业机器人控制柜的内部结构和组成。

（2）根据机械布局图，确定工业机器人控制柜的安装位置。

（3）根据安装工艺卡完成对工业机器人控制柜的安装。

（4）根据电气原理图，完成对工业机器人本体与控制柜的线路连接。

■【所需工具、文件】

内六角扳手、活动扳手、机械布局图、安装工艺卡、电气原理图、一字螺丝刀、十字螺丝刀、数字万用表、剥线钳、压线钳。

■【课时安排】

建议 1 学时，其中，学习相关知识 0.5 学时；练习 0.5 学时。

■【工作流程】

工业机器人控制柜的安装	工业机器人控制柜认知
	安装环境
	工业机器人控制柜的固定方式及要求
	了解工业机器人本体与控制柜的连接形式
	搬运安装工业机器人控制柜

任务实施

3.3.1 工业机器人控制柜认知

工业机器人控制柜是工业机器人必不可少的组成部分，其内部包括控制柜系统、伺服电动机驱动器、低压器件等精密元器件，是决定工业机器人功能和性能的主要组成部分，对工业机器人的安全和稳定运行起到了至关重要的作用。工业机器人控制柜的基本功能有记忆、位置伺服、坐标设定。

3.3.2 安装环境

工业机器人控制柜的安装环境应注意以下几项。

（1）在操作期间，安装环境的温度应为 0℃～45℃（32℉～113℉）；在搬运及维修期间，安装环境的温度应为-10℃～60℃（14℉～140℉）。

（2）安装环境的湿度必须低于结露点（相对湿度低于 10%RH）。

（3）安装环境的灰尘、粉尘、油烟、水较少。

（4）在作业区内不允许有易燃品及腐蚀性液体和气体。

（5）安装环境为对控制柜的振动或冲击能量小的场所，振动等级低于 0.5G（4.9m/s^2）。

（6）附近没有大的电器噪声源，如气体保护焊（TIG）设备等。

3.3.3 工业机器人控制柜的固定方式及要求

工业机器人控制柜的固定方式及要求如下所示。

（1）必须直立地储存、搬运和安装控制柜。当多个控制柜在一起放置时，注意控制柜应间隔一定距离，以免通风口排热不畅。

（2）为柜门活动预留一定空间，使柜门可以打开180°，以方便内部元器件的维修和更换。在控制柜后方也要预留一定位置，方便打开背面板进行元器件的维修和更换。

（3）当工业机器人的工作环境振动较大或控制柜离地放置时，还需要将控制柜固定于地面或工作台上。

3.3.4 了解工业机器人本体与控制柜的连接形式

工业机器人本体与控制柜之间的电缆用于工业机器人电动机、工业机器人电动机控制装置的电源，以及编码器接口板的反馈。工业机器人控制柜与工业机器人本体的连接包括与控制部分连接和与电源连接。电气连接插口因工业机器人的型号不同而略有差别，但大致是相同的。

电缆两端均采用重载连接器方式进行连接，但两端的重载连接器的出线方式、线标方式均不同，连接的接插件也不同。出线方式分为侧出式和中出式。

3.3.5 搬运、安装工业机器人控制柜

控制柜的搬运、安装需要根据安装工艺卡确定安装方式，安装注意事项如下所示。

（1）确认控制柜的质量，使用承载质量大于控制柜质量的钢丝绳进行起吊。

（2）在起吊前安装吊环螺栓，并确认吊环螺栓固定牢固，在起吊后将控制柜搬运至指定位置。

（3）根据安装工艺卡及现场要求，选用固定标准件，安装固定控制柜。

工业机器人控制柜安装任务操作表如表3-3所示。

表 3-3　工业机器人控制柜安装任务操作表

序　号	操 作 步 骤
1	准备安装工具、机械布局图、安装工艺卡、电气原理图及安装需要的标准件
2	根据机械布局图、安装工艺卡、电气原理图确认机械部件的安装位置及电缆连接,并做好标记
3	根据吊装工艺,使用钢丝绳吊装工业机器人控制柜,将工业机器人控制柜吊装到安全位置
4	根据安装工艺卡及现场要求,选用固定标准件,安装固定控制柜
5	根据电气原理图,连接控制柜电源线,以及工业机器人控制柜与本体的连接线
6	使用扭矩扳手检查螺栓的安装力矩,并使用记号笔做好防松标记
7	使用数字万用表,根据电气原理图,测量工业机器人本体与控制柜连接电缆连接的正确性
8	接通电源,检查控制柜电源是否正常

任务 3.4　工业机器人示教器的安装

【任务描述】

某工业机器人工作站已完成对工业机器人本体与控制柜的安装及线路连接,请根据安装工艺卡及电气原理图完成工业机器人示教器与控制柜的连接。

【任务目标】

(1) 了解工业机器人示教器的外观布局。

(2) 根据安装工艺卡完成对工业机器人示教器的安装。

(3) 根据电气原理图完成对工业机器人示教器与控制柜的连接。

【所需工具、文件】

内六角扳手、安装工艺卡、电气原理图、一字螺丝刀、十字螺丝刀、数字万用表。

【课时安排】

建议 1 学时,其中,学习相关知识 0.5 学时;练习 0.5 学时。

【工作流程】

工业机器人示教器的安装 —— 工业机器人示教器的介绍

工业机器人控制柜与示教器的连接

任务实施

3.4.1　工业机器人示教器的介绍

　　工业机器人示教器是一个人机交互设备。通过工业机器人示教器，操作人员可以操作工业机器人运动、完成示教编程、实现对系统的设定、对工业机器人的故障进行诊断等。

　　工业机器人示教器的外观如图 3-2 所示。

（a）示教器正面　　　　　　　　　　（b）示教器反面

图 3-2　工业机器人示教器的外观

3.4.2　工业机器人控制柜与示教器的连接

　　工业机器人控制柜与示教器通过专用电缆进行连接，示教器专用电缆如图 3-3 所示。电缆的一端连接在示教器侧面的接口处，可以热插拔；电缆的另一端连接在控制柜面板上的示教器连接插槽内。

图 3-3　示教器专用电缆

　　工业机器人示教器的安装任务操作表如表 3-4 所示。

表 3-4   工业机器人示教器的安装任务操作表

序 号	操 作 步 骤
1	准备安装工具、安装工艺卡、电气原理图及需要的标准件
2	根据安装工艺卡、电气原理图确认机械部件的安装位置及电缆连接，并做好标记
3	根据安装工艺卡及标识，固定示教器托架
4	根据电气原理图安装示教器
5	利用数字万用表查看电缆连接是否正确
6	系统上电，查看示教器是否可以正常显示

任务 3.5   工业机器人末端执行器的安装

【任务描述】

请根据安装工艺卡确认工业机器人末端执行器的安装角度，选择合适的安装工具，完成对某工业机器人末端执行器的安装。

【任务目标】

（1）根据安装工艺卡确认工业机器人末端执行器的安装角度。

（2）根据安装工艺卡完成对工业机器人末端执行器的安装。

【所需工具、文件】

内六角扳手、安装工艺卡、气动原理图、气管钳。

【课时安排】

建议 2 学时，其中，学习相关知识 1 学时；练习 1 学时。

【工作流程】

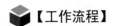

工业机器人末端执行器的安装 —— 识读安装工艺卡
—— 了解末端执行器的安装注意事项及方法
—— 工业机器人末端执行器的安装实操

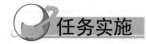

任务实施

3.5.1　识读安装工艺卡

根据安装工艺卡，选择合适的标准件。

3.5.2　了解末端执行器的安装注意事项及方法

末端执行器的常见形式有夹钳式、夹板式和抓取式，每种末端执行器都有与其配套的作业装置，使末端执行器能够实现相应的作业功能。

1. 安装注意事项

（1）在安装末端执行器前，务必看清图纸或与设计人员沟通，确认在该工位的工业机器人应配备的末端执行器的型号，设计人员有义务向安装人员进行说明，并进行安装指导。

（2）确定末端执行器相对于工业机器人法兰盘的安装方向。为了确保工业机器人能正常运行程序，并节约调试工期，末端执行器的正确安装非常重要。

2. 安装方法

（1）确定工业机器人法兰盘手腕的安装尺寸，如图 3-4 所示。

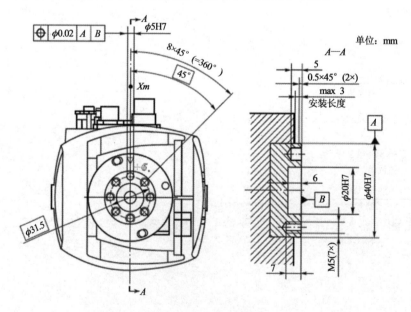

图 3-4　法兰盘的安装尺寸

（2）准备安装末端执行器应使用的工具、量具及标准件。

（3）调整工业机器人末端法兰盘的方向，使用扭矩扳手将工业机器人侧的工具快换装置安装到法兰盘上并进行固定，如图 3-5 所示。

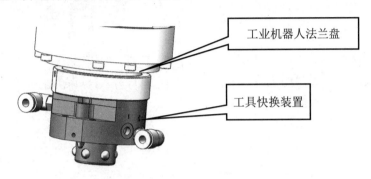

工业机器人法兰盘

工具快换装置

图 3-5　工业机器人侧的工具快换装置安装

（4）确定方向，将末端执行器与工具侧的工具快换装置进行连接。

（5）如果末端执行器使用气动部件，则连接气路；如果末端执行器使用电气控制，则在工业机器人本体上走线。

3.5.3　工业机器人末端执行器的安装实操

工业机器人末端执行器的安装任务操作表如表 3-5 所示。

表 3-5　工业机器人末端执行器的安装任务操作表

序　号	操　作　步　骤
1	准备安装工具、安装工艺卡及需要的标准件
2	根据安装工艺卡确认机械部件的安装位置，并做好标记
3	根据安装工艺卡，将末端执行器移动至工业机器人末端处，并调整末端执行器的安装角度
4	选择需要的固定螺栓，将末端执行器固定在工业机器人末端
5	根据气动原理图，连接末端执行器的气路，并查看连接是否正确
6	使用扭矩扳手，检查螺栓的安装力矩，使用记号笔做好防松标记，确认无误后安装末端执行器定位销
7	接通气源，查看末端执行器是否正常运作

项目 4
工业机器人外围系统安装

 项目导言

　　本项目围绕工业机器人安装岗位的职责和企业实际生产中工业机器人的外围系统安装的工作内容,对工业机器人外围系统的安装工艺和安装方法进行了详细的讲解,并设置了丰富的实训任务,可以使读者通过实操进一步理解工业机器人外围系统的安装操作流程和工艺。

 项目目标

　　(1)培养识读电气原理图的能力。
　　(2)培养使用电气安装工具、气动安装工具的能力。
　　(3)培养规范电气安装工艺的能力。

工业机器人外围系统安装	识读工作站电气布局图
	电气系统的连接与检测
	搬运码垛单元的安装

任务 4.1　识读工作站电气布局图

【任务描述】

某工作站需要完成电气系统线路的连接，在进行电气系统线路的连接之前需要先了解工作站的电气布局图，通过识读工作站的电气布局图确定电气控制柜中电气设备的安装位置。

【任务目标】

（1）掌握电气布局图的设计原则。
（2）根据电气布局图，了解工作站电气系统的构成。

【所需文件】

电气布局图。

【课时安排】

建议 3 学时，其中，学习相关知识 1 学时；练习 2 学时。

【工作流程】

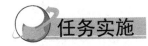 任务实施

4.1.1　了解电气布局图的设计原则

电气布局图主要用于表明各种电气设备在机械设备和电气控制柜中的实际安装位置，为设备的制造、安装、维护、维修提供必要的资料，绘制电气布局图应遵循以下原则。

（1）必须遵循相关国家标准设计和绘制电气布局图。

（2）在布置相同类型的电气元件时，应把体积较大和较重的电气元件安装在控制柜或面板的下方。

（3）会发热的电气元件应该安装在控制柜或面板的上方或后方，但热继电器一般安装在接触器下面，方便热继电器与电动机和接触器的连接。

（4）需要经常维护、整理和检修的电气元件、操作开关、监视仪器仪表等，它们的安装位置应高低适宜，以便操作人员进行操作。

（5）强电、弱电应该分开走线，注意屏蔽层的连接，防止干扰的窜入。

（6）电气元件的布置应考虑安装间隙，并尽可能做到整齐、美观。

4.1.2 了解工作站电气系统的构成

电气系统是指由低压供电组合部件构成的系统，也称为低压配电系统或低压配电线路。某工作站的电气布局图，如图 4-1 所示。从图 4-1 中可分析出电气系统的构成及电气元件的实际位置。

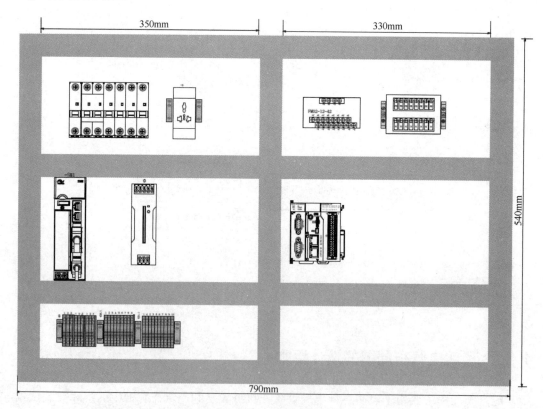

图 4-1 电气布局图

4.1.3 电气布局图识读实操

识读工作站电气布局图任务操作表如表 4-1 所示。

表 4-1 识读工作站电气布局图任务操作表

序　　号	操 作 步 骤
1	认识工作站电气系统中的电气元件
2	掌握电气元件的实际安装位置
3	根据电气布局图，分析电气元件的安装方法

任务 4.2　电气系统的连接与检测

【任务描述】

某工作站的操作人员已完成了机械结构的安装，并已识读了工作站的电气布局图，请你根据电气原理图和气动原理图，完成外围控制系统的安装。

【任务目标】

（1）根据电气原理图，完成工业机器人控制柜供电电源的连接。

（2）根据电气原理图，完成工业机器人外部 I/O 接线的连接。

（3）根据气动原理图，完成外围设备气动回路的搭建。

【所需工具、文件】

剥线钳、压线钳、一字螺丝刀、十字螺丝刀、数字万用表、电气原理图、气动原理图。

【课时安排】

建议 2 学时，其中，学习相关知识 1 学时；练习 1 学时。

【工作流程】

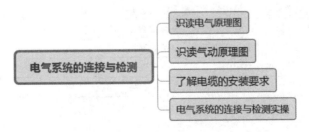

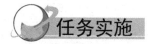
任务实施

4.2.1 识读电气原理图

根据电气原理图，确定工业机器人本体与控制柜之间连接电缆的安装接口；完成工业机器人控制柜供电电源的连接，完成工业机器人外部 I/O 接线的连接。

4.2.2 识读气动原理图

根据气动原理图，完成外围设备气动回路的搭建。

4.2.3 了解电缆的安装要求

电缆安装前需要检查以下几项。

（1）电缆型号、规格、长度、绝缘强度、耐压、耐热、最小截面面积、机械性能应符合技术要求。

（2）电缆外观没有破损，电缆封装严密。

（3）电缆与电器连接时，端部与终端紧固附件绞紧，不得松散、断股。

4.2.4 电气系统的连接与检测实操

电气系统的连接与检测任务操作表如表 4-2 所示。

表 4-2　电气系统的连接与检测任务操作表

序　号	操 作 步 骤
1	准备安装工具、安装工艺卡、电气原理图、气动原理图及需要的标准件
2	根据安装工艺卡、电气原理图确认机械部件的安装位置及电缆连接，并做好标记
3	根据安装工艺卡和电气原理图，完成工业机器人外部 I/O 接线的连接
4	根据电气原理图，使用数字万用表，检验 I/O 连接是否正确
5	根据气动原理图，完成电磁阀与执行设备的气路搭建
6	根据生产工艺要求，完成气路、电路的绑扎
7	打开气源，调整系统压力，手动按下电磁阀手动按钮，检查管路是否正确
8	打扫周围卫生，完成电气系统的连接与检测

任务 4.3　搬运码垛单元的安装

【任务描述】

某工作站已完成工业机器人机械接口和控制系统的安装，请根据工作站的机械装配图、电气布局图、气动原理图完成搬运码垛单元的安装。

【任务目标】

（1）根据工作站的机械装配图，确认搬运码垛单元部件的安装位置。

（2）根据电气布局图完成电气元件的安装。

（3）根据机械装配图及气动原理图，完成气动元件的安装及气动回路的搭建。

【所需工具、文件】

内六角扳手、气管剪、机械装配图、电气布局图、气动原理图、一字螺丝刀、十字螺丝刀、数字万用表。

【课时安排】

建议 3 学时，其中，学习相关知识 1 学时；练习 2 学时。

【工作流程】

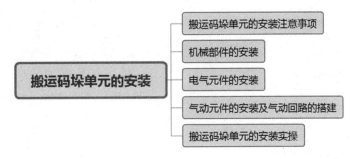

任务实施

4.3.1　搬运码垛单元的安装注意事项

安装搬运码垛单元时需要注意以下事项。

（1）在安装时一定要按照机械装配图标记放置工作模块，工作模块必须安装在工业机器人的工作空间。

（2）根据先机械，再电气，最后搭建气动回路的顺序进行安装。

（3）在安装工作模块前，仔细查看工作模块是否组装牢固，以及工作模块是否有损伤。在安装工作模块时，根据工作模块的大小，选择合适的辅助工具进行移动安装。

4.3.2　机械部件的安装

根据机械装配图确定安装部件、安装尺寸、安装基准线、安装工艺。

4.3.3　电气元件的安装

电气元件的安装顺序如下所示。

（1）安装前，确定安装的电气元件没有损坏。

（2）根据电气布局图画线定位，确定电气元件的安装位置与方向。

（3）将电气元件安装到正确位置。

（4）确认安装需要的螺栓、螺母的规格。

（5）安装合适的垫片。

（6）对角依次紧固螺栓但不用完全紧固。

（7）再次对安装的部件进行微调。

（8）完全紧固电气元件。

（9）检查安装的部件是否符合安装标准。

4.3.4 气动元件的安装及气动回路的搭建

气动元件的安装及气动回路的搭建过程如下所示。

（1）根据气动原理图画线定位，确定气动元件的安装位置与方向，将气动元件安装到正确位置。

（2）规划气动回路的安装路径。

（3）根据气动原理图正确连接气动回路。

4.3.5 搬运码垛单元的安装实操

搬运码垛单元的安装任务操作表如表 4-3 所示。

表 4-3 搬运码垛单元的安装任务操作表

序　号	操 作 步 骤
1	准备安装工具、机械装配图、电气布局图、气动原理图及安装需要的标准件
2	根据机械装配图确认安装位置，并做好安装位置标记
3	根据工作模块的大小，选择合适的辅助工具，将工作模块移动到安装位置标记处
4	根据安装工艺及要求，将搬运码垛工作模块调整到合适位置，并固定
5	使用扭矩扳手检查螺栓的安装力矩，使用记号笔进行防松标记，确认无误后安装定位销
6	根据电气布局图、气动原理图完成 I/O 模块连接与气动回路搭建，使用数字万用表检验 I/O 连接的正确性
7	打开气源，调整系统压力，手动按下电磁阀手动按钮，检查工作模块是否可以正常运行

项目 5
工业机器人系统设置

 项目导言

本项目围绕工业机器人调试岗位的职责和企业实际生产中调试工业机器人的工作内容，对工业机器人的示教器操作环境配置、运行模式和运行速度的调整，以及常用信息的查看进行了详细的讲解，并设置了丰富的实训任务，可以使读者通过实操进一步理解工业机器人的基本操作技能。

 项目目标

（1）培养规范使用工业机器人示教器的意识。

（2）培养安全操作工业机器人的意识。

（3）培养设置示教器语言与参数的能力。

（4）培养设定工业机器人运行模式和运行速度的能力。

（5）培养查看工业机器人常用信息的能力。

工业机器人系统设置
- 示教器操作环境配置
- 工业机器人的运行模式及运行速度设置
- 查看工业机器人的常用信息

任务 5.1　示教器操作环境配置

【任务描述】

某工作站已完成机械部件和电气元件的安装工作，请根据电气原理图，检测安装线路的正确性，完成系统的上电工作，设置示教器的语言和参数，方便后期对示教器的使用。

【任务目标】

（1）根据电气原理图检测电路，完成系统的上电工作。

（2）设置工业机器人的语言为中文。

（3）设置工业机器人的时间为当前时间。

【所需工具、文件】

一字螺丝刀、十字螺丝刀、数字万用表、实训指导手册、电气原理图。

【课时安排】

建议 2 学时，其中，学习相关知识 1 学时；练习 1 学时。

【工作流程】

任务实施

5.1.1　了解示教器的构成

示教器是主管应用工具软件与用户之间接口的装置，通过电缆与控制装置连接。示教器由液晶显示屏、LED、功能按键组成，除此以外，一般还会有模式切换开关、安全开关、急停按钮等。

示教器是工业机器人的人机交互接口，通过示教器功能按键与液晶显示屏的配合使用完成工业机器人点动，示教，编写、调试和运行工业机器人程序，设定、查看工业机器人的状态信息和位置，报警消除等有关工业机器人功能的操作。

5.1.2 示教器配置注意事项

示教器配置的注意事项如下所示。

（1）示教器配置要求操作人员具有一定的专业知识和熟练的操作技能，并且需要进行现场近距离操作，因而具有一定的危险性，必须穿戴好安全防护装备。

（2）示教器配置可以方便操作人员根据自己熟悉的语言进行基础设置，在进行基础设置时，如果遇到其他报警信息，不要盲目操作，以防删除系统文件。

（3）示教器的交互界面为液晶显示屏，不要使用尖锐、锋利的工具操作示教器，以防划伤示教器的液晶显示屏。

5.1.3 示教器操作环境配置实操

示教器操作环境配置任务操作表如表 5-1 所示。

表 5-1 示教器操作环境配置任务操作表

序　号	操 作 步 骤
1	根据实训指导手册，给系统上电前，应检查电源、电压的属性是否与工业机器人控制柜的标识一致
2	闭合开关，完成系统上电，闭合工业机器人控制柜开关，等待工业机器人启动
3	工业机器人系统启动后，一般示教器的默认显示界面的显示语言为英语。进入系统设置界面，根据自己熟悉的语言修改工业机器人示教器的显示语言
4	进入系统界面，修改工业机器人的时间，保存后返回主界面
5	断开工业机器人的电源开关，重新给工业机器人上电，查看工业机器人的时间与日期是否正确

任务 5.2　工业机器人的运行模式及运行速度设置

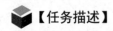 【任务描述】

某工作站已完成了系统的上电及示教器操作环境配置，请设定运行速度，并采用手动运行模式和自动运行模式运行工业机器人。

【任务目标】

（1）根据实训指导手册，完成工业机器人运行速度的设置。

（2）根据实训指导手册，完成工业机器人运行模式的切换，并采用手动运行模式和自动运行模式运行工业机器人。

【所需工具、文件】

一字螺丝刀、十字螺丝刀、数字万用表、电气原理图、实训指导手册。

【课时安排】

建议2学时，其中，学习相关知识1学时；练习1学时。

【工作流程】

工业机器人的运行模式及运行速度设置	了解工业机器人运行模式的应用
	了解不同运行模式下的运行速度设定
	了解工业机器人手动运行模式和自动运行模式的安全注意事项
	搬运码垛工作站自动运行实操

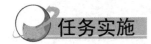

任务实施

5.2.1 了解工业机器人运行模式的应用

工业机器人的运行模式一般分为手动运行模式与自动运行模式。

（1）手动运行模式是操作人员通过示教器手动控制工业机器人移动的运行模式，一般现场示教编程、清除报警、故障查询等都需要在此模式下进行操作。

（2）自动运行模式是工业机器人根据控制程序自动移动的运行模式，工业机器人在采用自动运行模式时，严禁操作人员处于工业机器人的工作空间，在此模式下，只允许操作人员对工业机器人进行停止、紧急停止等安全操作，严禁对工业机器人进行其他（如示教编程、清除报警等）操作。

5.2.2 了解不同运行模式下的运行速度设定

工业机器人的运行速度一般分为低速、中速、高速，工业机器人运行速度的大小一般由百分比数值（1%～100%）决定。工业机器人在手动运行模式下，一般将运行速度设定为10%，在首次采用自动运行模式时，一般将运行速度设定为30%，待自动运行两遍程序并确认无误后，方可增加工业机器人的运行速度。

5.2.3 了解工业机器人手动运行模式和自动运行模式的安全注意事项

工业机器人手动运行模式和自动运行模式的安全注意事项如下所示。

（1）当不需要操作工业机器人时，应断开工业机器人控制装置的电源，或者在按下急停按钮的状态下进行操作。

（2）当采用手动运行模式时应低速运行工业机器人。

（3）为了防止除操作人员以外的人员意外进入工业机器人的工作空间，或者为了避免操作人员进入危险场所，应设置防护栅栏和安全门。

（4）当自动运行工业机器人时，操作人员应站在围栏外边的急停按钮等安全开关附近。

5.2.4 搬运码垛工作站自动运行实操

搬运码垛工作站自动运行任务操作表如表 5-2 所示。

表 5-2 搬运码垛工作站自动运行任务操作表

序　号	操 作 步 骤
1	根据实训指导手册使用数字万用表完成上电前的检查工作，检查各线路的连接是否正常，电缆是否有破损、断开等现象
2	闭合工业机器人主开关，工业机器人系统完成上电工作，接通气源，并检查气动回路是否存在泄漏等现象
3	根据实训指导手册，在设置界面中将运行速度修改为10%，按下示教器的三段开关，使工业机器人使能，手动移动工业机器人，查看工业机器人的运行速度
4	根据实训指导手册，选择搬运码垛示例程序，手动运行搬运码垛示例程序，查看工业机器人的运行状态
5	根据实训指导手册，将工业机器人的运行模式切换为自动运行模式，按下运行按钮，工业机器人自动运行搬运码垛示例程序
6	当自动运行程序无误后，再次将工业机器人的运行模式切换为手动运行模式，根据实训指导手册，在设置界面中将运行速度修改为30%，将工业机器人的运行模式切换为自动运行模式，再次自动运行工业机器人
7	待程序运行完毕后，按下暂停按钮，暂停工业机器人，关闭工业机器人电源，完成工业机器人的运行速度设定与工业机器人的运行模式切换，并根据运行情况做好运行记录

任务 5.3　查看工业机器人的常用信息

【任务描述】

当工业机器人处于运行状态时，工业机器人示教器会显示工业机器人的当前状态，请查看工业机器人的当前模式、电动机状态、程序运行状态、工业机器人系统信息，并做好记录。

【任务目标】

（1）根据实训指导手册，完成各状态查看。

（2）使用工业机器人运行记录表，记录工业机器人的运行状态。

【所需工具、文件】

实训指导手册、记号笔、工业机器人运行记录表。

【课时安排】

建议 1 学时，其中，学习相关知识 0.5 学时；练习 0.5 学时。

【工作流程】

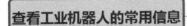

查看工业机器人的常用信息
- 了解工业机器人示教器监控界面的作用
- 工业机器人常用信息查看实操

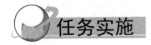

任务实施

5.3.1　了解工业机器人示教器监控界面的作用

工业机器人集成了各种高精度控制器及元器件，因为其高度集成化，所以操作人员无法直观地判断工业机器人的传感器、伺服电动机等的运行状态。为了方便操作与维护，工业机器人系统带有监控系统，用于监控各元器件的运行状态及系统的运行信息，另外，为了直观地展现监测信息，工业机器人示教器设有监控界面。

工业机器人示教器监控界面可以显示工业机器人的当前模式、电动机状态、程序运行状态、系统信息。

5.3.2　工业机器人常用信息查看实操

工业机器人常用信息查看任务操作表如表 5-3 所示。

表 5-3　工业机器人常用信息查看任务操作表

序　号	操 作 步 骤
1	根据实训指导手册使用数字万用表完成上电前的检查工作，检查各线路是否连接正常，电缆是否有破损、断开等现象
2	闭合工业机器人主开关，工业机器人系统完成上电工作，接通气源，并检查气动回路是否存在泄漏等现象
3	根据实训指导手册，在示教器的监控界面下，查看工业机器人的当前模式，并记录
4	根据实训指导手册，在示教器的监控界面下，查看工业机器人的电动机状态，并记录
5	根据实训指导手册，在示教器的监控界面下，查看工业机器人的程序运行状态，并记录
6	根据实训指导手册，在示教器的监控界面下，查看工业机器人的系统信息，并记录
7	关闭工业机器人电源，完成工业机器人常用信息查看，并根据运行情况做好运行记录

项目 6
工业机器人运动模式测试

 项目导言

本项目围绕工业机器人调试岗位的职责和企业实际生产中工业机器人调试的工作内容，对工业机器人的单轴运动、线性运动、重定位运动、紧急停止及复位进行了详细的讲解，并设置了丰富的实训任务，可以使读者通过实操进一步理解工业机器人基本运动的操作技能。

 项目目标

（1）培养测试单轴运动的能力。

（2）培养操作工业机器人线性运动与重定位运动的能力。

（3）培养工业机器人紧急停止及复位的能力。

```
工业机器人运动模式测试 ──┬── 工业机器人的单轴运动测试
                          ├── 工业机器人的线性运动与重定位运动测试
                          └── 工业机器人紧急停止及复位
```

任务 6.1　工业机器人的单轴运动测试

【任务描述】

某公司新引进一套工业机器人工作站，请根据项目验收单完成工业机器人的验收，并检查工业机器人的工作空间是否与项目验收单一致。

【任务目标】

（1）识读项目验收单，确定工业机器人单轴运动的范围。

（2）检查工业机器人的工作空间是否与项目验收单一致。

【所需工具、文件】

一字螺丝刀、十字螺丝刀、数字万用表、角度尺、项目验收单、电气原理图、实训指导手册。

【课时安排】

建议 2 学时，其中，学习相关知识 1 学时；练习 1 学时。

【工作流程】

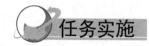 任务实施

6.1.1　了解工业机器人限位及工作空间

工业机器人的每个轴都有硬限位和软限位，以便保护工业机器人本体的安全，根据各轴的硬限位设定工业机器人各轴的软限位，因此存在工业机器人无法到达的区域，六

轴机器人的工作空间如图 6-1 所示。

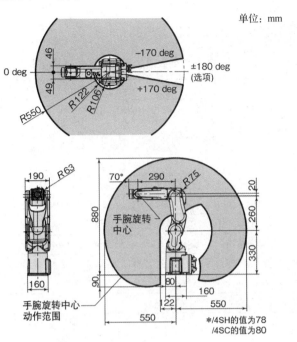

图 6-1　六轴机器人的工作空间

6.1.2　了解工业机器人各轴的运动方向

工业机器人每个轴的安装方式及安装位置不同，因此在进行单轴运动时各轴的运动方向是不同的，现以六轴机器人各轴的单轴运动方向为例，如图 6-2 所示。

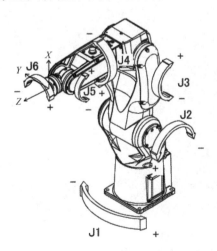

图 6-2　六轴机器人各轴的单轴运动方向

6.1.3 工业机器人单轴运动测试实操

工业机器人单轴运动测试任务操作表如表 6-1 所示。

表 6-1 工业机器人单轴运动测试任务操作表

序 号	操作步骤
1	根据实训指导手册使用数字万用表完成上电前的检查工作，检查各线路连接是否正常，电缆是否有破损、断开等现象
2	闭合工业机器人主开关，工业机器人系统完成上电工作，接通气源，并检查气动回路是否存在泄漏等现象
3	识读项目验收单，确定工业机器人的工作空间，准备好测量工具
4	按下示教器的三段开关，示教器显示伺服使能，将工业机器人的坐标系切换为关节坐标系
5	按下 1 轴正向按钮，1 轴运转到正限位，记录位置，并做好记录
6	按下 1 轴负向按钮，1 轴运转到负限位，记录位置，并做好记录
7	使用万能角度尺测量两个位置，并检验与项目验收单是否一致，做好记录
8	重复 5～7 步，检测剩余 5 个轴的数据，并做好记录
9	关闭电源，并做好记录，完成测试

任务 6.2 工业机器人的线性运动与重定位运动测试

【任务描述】

某公司新引进一套工作站，请进行项目验收，并检测线性运动和重定位运动是否正常。

【任务目标】

（1）识读项目验收单，确定测试内容。

（2）完成线性运动和重定位运动操作。

【所需工具、文件】

一字螺丝刀、十字螺丝刀、数字万用表、项目验收单、电气原理图。

【课时安排】

建议 3 学时，其中，学习相关知识 1 学时；练习 2 学时。

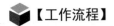【工作流程】

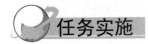

工业机器人线性运动与重定位运动测试
- 了解线性运动和重定位运动
- 了解线性运动和重定位运动的不同
- 工业机器人线性运动与重定位运动测试实操

任务实施

6.2.1　了解线性运动和重定位运动

工业机器人的线性运动是指安装在工业机器人六轴法兰盘上的工具中心点（TCP）在工作空间中进行线性运动。一般线性运动分为直线运动、关节运动及圆弧运动。

工业机器人重定位运动是指工业机器人选定的 TCP 围绕对应的工具坐标系进行旋转运动，在运动时工业机器人 TCP 的位置保持不变，姿态发生变化。

6.2.2　了解线性运动和重定位运动的不同

线性运动一般用于工业机器人在工作空间的移动。重定位运动一般用于对工业机器人姿态的调整。

6.2.3　工业机器人线性运动与重定位运动测试实操

工业机器人线性运动与重定位运动测试任务操作表如表 6-2 所示。

表 6-2　工业机器人线性运动与重定位运动测试任务操作表

序　　号	操 作 步 骤
1	根据实训指导手册使用数字万用表完成上电前的检查工作，检查各线路连接是否正常，电缆是否有破损、断开等现象
2	闭合工业机器人主开关，工业机器人系统完成上电工作，接通气源，并检查气动回路是否存在泄漏等现象
3	识读项目验收单，确定测试内容
4	固定一个与工业机器人底座平行的立方体
5	按下示教器的三段开关，示教器显示上电
6	按下"X 正向"按钮，观察 X 轴的运动是否为直线运动

续表

序　号	操　作　步　骤
7	重复上步，检测 Y 轴和 Z 轴的数据
8	完成测试

任务 6.3　工业机器人紧急停止及复位

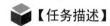【任务描述】

某公司新引进一套工作站，请进行项目验收，了解工业机器人安全保护机制，并检测紧急停止及复位功能是否正常。

【任务目标】

（1）了解工业机器人安全保护机制。

（2）完成紧急停止及复位操作。

【所需工具、文件】

一字螺丝刀、十字螺丝刀、数字万用表、项目验收单、电气原理图。

【课时安排】

建议 2 学时，其中，学习相关知识 1 学时；练习 1 学时。

【工作流程】

任务实施

6.3.1　工业机器人安全保护机制

工业机器人系统有各种各样的安全保护装置。例如，安全门互锁开关、安全光幕和安全垫等，最常用的是安全门互锁开关。打开安全门互锁开关可以暂停工业机器人。

工业机器人控制柜有 4 个独立的安全保护机制，如下所示。

（1）常规模式安全保护停止，简称 GS。

（2）自动模式安全保护停止，简称 AS。

（3）上级安全保护停止，简称 SS。

（4）紧急停止，简称 ES。

6.3.2　紧急停止恢复方法

在工业机器人的手动操作过程中，因为操作人员不熟练引起的碰撞或者其他突发状况会导致工业机器人安全保护机制的启动，从而使工业机器人紧急停止。当工业机器人紧急停止后，需要进行一些恢复操作才能使工业机器人恢复到正常的工作状态。

当工业机器人紧急停止后，工业机器人停止的位置可能会处于空旷区域，也可能被堵在障碍物之间。如果工业机器人处于空旷区域，可以选择手动操作工业机器人将其移动到安全位置；如果工业机器人被堵在障碍物之间，在障碍物容易移动的情况下，可以直接移动周围的障碍物，再手动操作工业机器人使其运动到安全位置。

如果周围障碍物不容易移动，也很难通过手动操作将工业机器人移动到安全位置，那么可以选择松开抱闸按钮，然后手动操作工业机器人使其运动到安全位置。

6.3.3　工业机器人紧急停止及复位实操

工业机器人紧急停止及复位任务操作表如表 6-3 所示。

表 6-3　工业机器人紧急停止及复位任务操作表

序　号	操 作 步 骤
1	识读项目验收单，确定测试内容
2	选择搬运码垛程序，将工业机器人的运行模式切换至自动运行模式，并启动运行
3	按下急停按钮，工业机器人停止
4	旋出急停按钮，工业机器人上电按钮闪烁
5	将工业机器人的运行模式切换至手动运行模式
6	在示教器上确认急停信息
7	按下上电按钮，工业机器人复位并上电
8	完成操作

项目 7
工业机器人零点标定与调试

 项目导言

本项目围绕工业机器人操作、维护岗位的职责和企业实际生产中工业机器人零点标定与调试的工作内容，对工业机器人的调试方法和零点标定方法进行了详细的讲解，并设置了丰富的实训任务，可以使读者通过实操进一步理解工业机器人零点标定与调试的意义。

 项目目标

（1）培养工业机器人校准意识。
（2）培养识读工业机器人实训指导手册的能力。
（3）培养工业机器人零点标定的能力。
（4）培养直接输入零点数值校准工业机器人的能力。

工业机器人零点标定与调试	零点标定
	工业机器人调试

任务 7.1　零点标定

【任务描述】

某公司的某台设备，因为在维护作业时更换了减速机，所以丢失了已被标定的状态，请进行零点标定，并将工业机器人恢复到正常状态。

【任务目标】

（1）了解各轴零点的姿态，查看工业机器人本体的零点标刻线。

（2）根据实训指导手册，完成零点标定。

【所需工具、文件】

内六角扳手、标定销、数字万用表、实训指导手册。

【课时安排】

建议 2 学时，其中，学习相关知识 1 学时；练习 1 学时。

【工作流程】

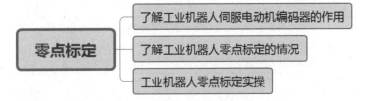

任务实施

7.1.1　了解工业机器人伺服电动机编码器的作用

编码器一般分为绝对式编码器和增量式编码器。

绝对式编码器可以记录伺服电动机的绝对位置，就是在上电后驱动器可以直接读取当前伺服电动机的位置而不用返回原点操作，增量式编码器只能返回原点确定伺服电动机所处的位置，断电之后无法记录伺服电动机所处的位置。一般工业机器人伺服电动机的编码器采用绝对式编码器。

7.1.2　了解工业机器人零点标定的情况

原则上，工业机器人只需要进行出厂前的零点标定和调试前的零点标定。但在以下情况中必须进行零点标定。

（1）在对参与定位值感测的部件（如带分解器或 RDC 的电动机）采取了维护措施之后。

（2）当不是采用控制器（如借助自由旋转装置）移动了工业机器人的轴时。

（3）进行了机械修理后（必须先删除工业机器人的零点，然后才可进行零点标定）。

（4）更换了齿轮箱或者伺服电动机后。

（5）工业机器人在运动过程中发生了碰撞。

7.1.3　工业机器人零点标定实操

工业机器人零点标定任务操作表如表 7-1 所示。

表 7-1　工业机器人零点标定任务操作表

序　　号	操　作　步　骤
1	根据实训指导手册使用数字万用表完成上电前的检查工作，检查各线路连接是否正常，电缆是否有破损、断开等现象
2	闭合工业机器人主开关，工业机器人系统完成上电工作，接通气源，并检查气动回路是否存在泄漏等现象
3	使用示教器，手动控制工业机器人的 4 轴～6 轴运动至零点位置
4	根据实训指导手册，使用标定销验证定位的正确性
5	使用示教器，手动控制工业机器人的 1 轴～3 轴运动至零点位置
6	根据实训指导手册，使用标定销验证定位的正确性
7	在设置菜单下，选择全轴零点标定，点击"保存"，完成零点标定
8	工业机器人关机重启，查看零点标定结果

任务 7.2　工业机器人调试

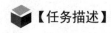

【任务描述】

某工作站已完成工业机器人系统的安装，接下来需要对安装完成的工业机器人进行初步的试运行，测试工业机器人的 6 个轴，观察工业机器人各关节轴的运行是否顺畅，在运行过程中是否有异响，各轴是否能够接近工业机器人工作空间的极限位置，为后续工业机器人的编程示教过程做好预检和准备工作。

【任务目标】

（1）对工业机器人进行初步的试运行。

（2）观察工业机器人各关节轴的运行是否顺畅，在运行过程中是否有异响，各轴是否能够接近工业机器人工作空间的极限位置。

（3）查看工业机器人各关节轴的零点位置是否正确，如果发现各关节轴的零点不正确能够重新标定零点。

【所需工具、文件】

内六角扳手、数字万用表、实训指导手册、标定销。

【课时安排】

建议 3 学时，其中，学习相关知识 2 学时；练习 1 学时。

【工作流程】

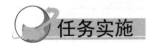

7.2.1　了解工业机器人各轴的零点位置

完整的零点标定过程包括为每个轴标定零点。通过技术辅助工具（电子控制仪）可以为任何一个在机械零点位置的轴指定基准值。因为这样就可以使轴的机械位置和电气位置保持一致，所以每个轴都有唯一的角度值。

所有工业机器人的零点位置都需要校准，但校准方法不完全相同。工业机器人的零点位置在同一型号的不同工业机器人之间也会有所不同，因此在检验工业机器人的零点位置时，切记要仔细认真地查看工业机器人的型号及零点位置。

7.2.2 了解工业机器人在运行前进行零点标定的意义

如果工业机器人的轴未经过零点标定，则会严重限制工业机器人的以下功能。

（1）无法编程运行，不能沿编程设定的点运行。

（2）无法在手动运行模式下手动平移，不能在坐标系中移动。

（3）软限位开关关闭，造成工业机器人硬限位与软限位不在同一位置，从而损坏工业机器人本体。

7.2.3 工业机器人调试实操

工业机器人调试任务操作表如表 7-2 所示。

表 7-2 工业机器人调试任务操作表

序　　号	操　作　步　骤
1	根据实训指导手册使用数字万用表完成上电前的检查工作，检查各线路连接是否正常，电缆是否有破损、断开等现象
2	闭合工业机器人主开关，工业机器人系统完成上电工作，接通气源，并检查气动回路是否存在泄漏等现象
3	按下示教器的伺服使能开关，手动运行工业机器人，控制工业机器人各轴运动，查看工业机器人的运行是否顺畅，在运行过程中是否有异响
4	按下示教器的伺服使能开关，手动运行工业机器人，控制工业机器人各轴运动至接近极限位置，确认极限位置的软限位是否正确
5	按下示教器的伺服使能开关，手动运行工业机器人，控制工业机器人到达各轴的绝对零点位置
6	使用标定销查看工业机器人各轴的零点位置是否正确，如不正确，请重新标定零点

项目 8
工业机器人坐标系标定

 **项目导言**

　　本项目围绕工业机器人操作岗位的职责和企业实际生产中工业机器人坐标系标定的工作内容，对工业机器人工具坐标系标定和工件坐标系标定进行了详细的讲解，并设置了丰富的实训任务，可以使读者通过实操进一步理解工业机器人坐标系标定。

 项目目标

　　（1）培养重新标定工业机器人坐标系的能力。
　　（2）培养标定工业机器人工具坐标系的能力。
　　（3）培养标定工业机器人工件坐标系的能力。
　　（4）培养测试坐标系准确性的能力。

　　　　　　　　　　　　　　　　　　　　　　　工具坐标系标定
　　　　　工业机器人坐标系标定
　　　　　　　　　　　　　　　　　　　　　　　工件坐标系标定

任务 8.1　工具坐标系标定

【任务描述】

某工作站需要对工业机器人进行工具坐标系标定，请根据工业机器人末端执行器建立工业机器人工具坐标系，并测试其正确性。

【任务目标】

（1）确定 TCP。
（2）确定标定方法。
（3）根据实训指导手册完成工业机器人工具坐标系标定。

【所需工具、文件】

安装布局图、实训指导手册、TCP 标定部件。

【课时安排】

建议 3 学时，其中，学习相关知识 1 学时；练习 2 学时。

【工作流程】

任务实施

8.1.1　了解工业机器人坐标系的分类

为了确定工业机器人的位置和姿势（位姿）在工业机器人上或空间中进行定义的位置指标系统就是坐标系，在示教编程的过程中经常使用关节坐标系、基坐标系、工具坐标系、工件坐标系、世界坐标系和用户坐标系。

1）关节坐标系

关节坐标系是每个轴相对于原点位置的绝对角度。在关节坐标系下，工业机器人各轴均可实现单独正向运动或反向运动。当工业机器人进行大范围运动，且不要求 TCP 姿态时，可选择关节坐标系。

2）基坐标系

基坐标系位于工业机器人基座。它是描述工业机器人从一个位置移动到另一个位置的坐标系。

3）工具坐标系

工具坐标系定义了当工业机器人到达预设目标时使用工具的位置。

4）工件坐标系

工件坐标系与工件相关，通常是最适合对工业机器人进行编程的坐标系。

5）世界坐标系

世界坐标系可定义工业机器人单元，其他坐标系均与世界坐标系直接或间接相关。它适用于微动控制、一般移动，以及处理具有若干工业机器人或外轴移动机器人的工作站和工作单元。

6）用户坐标系

当表示持有其他坐标系的设备（如工件）时用户坐标系非常有用。

8.1.2　了解工具坐标系的应用

工具坐标系一般应用于焊接、抛光、打磨等复杂生产工艺，工具坐标系一般采用三点法、四点法或者是六点法进行标定，工具坐标系示教如图 8-1 所示。

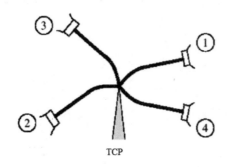

图 8-1　工具坐标系示教

8.1.3 工具坐标系标定实操

工具坐标系标定任务操作表如表 8-1 所示。

表 8-1 工具坐标系标定任务操作表

序　号	操 作 步 骤
1	根据实训指导手册使用数字万用表完成上电前的检查工作，检查各线路连接是否正常，电缆是否有破损、断开等现象
2	闭合工业机器人主开关，工业机器人系统完成上电工作，接通气源，并检查气动回路是否存在泄漏等现象
3	根据安装布局图，安装 TCP 标定部件
4	手动控制示教器，将工业机器人末端执行器的末端移动到 TCP
5	根据实训指导手册，打开工具坐标系设置界面
6	根据实训指导手册，工业机器人记录接近点 1 位置
7	更换工业机器人末端执行器的末端姿态并移动到 TCP
8	根据实训指导手册，工业机器人记录接近点 2 位置
9	更换工业机器人末端执行器的末端姿态并移动到 TCP
10	根据实训指导手册，工业机器人记录接近点 3 位置
11	确定工具坐标系计算结果并更换工具坐标系
12	根据实训指导手册，验证工具坐标系的正确性

任务 8.2　工件坐标系标定

【任务描述】

某工作站需要对工业机器人进行工件坐标系标定，请根据现场生产工艺要求，建立工件坐标系，并测试其正确性。

【任务目标】

（1）确定工件坐标系坐标轴的方向。
（2）确定工件坐标系的标定方法。
（3）根据实训指导手册完成工业机器人工件坐标系标定。

【所需工具、文件】

实训指导手册、工件部件。

项目 8　工业机器人坐标系标定 ｜ 61

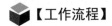【课时安排】

建议 3 学时，其中，学习相关知识 1 学时；练习 2 学时。

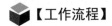【工作流程】

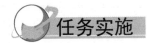任务实施

8.2.1　工件坐标系的应用

工件坐标系一般应用于较复杂的焊接、物流中的生产码垛，以及形状较复杂的工件搬运码垛工作站。

8.2.2　确定工件坐标系坐标轴的方向

根据现场环境及生产工艺，确定工件坐标系坐标轴的方向，如图 8-2 所示。

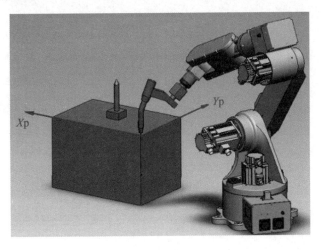

图 8-2　工件坐标系坐标轴的方向

8.2.3 工件坐标系标定实操

工件坐标系标定任务操作表如表 8-2 所示。

表 8-2 工件坐标系标定任务操作表

序　号	操 作 步 骤
1	根据实训指导手册使用数字万用表完成上电前的检查工作，检查各线路连接是否正常，电缆是否有破损、断开等现象
2	闭合工业机器人主开关，工业机器人系统完成上电工作，接通气源，并检查气动回路是否存在泄漏等现象
3	根据生产工艺，确定工件坐标系 X 轴、Y 轴、Z 轴的方向
4	手动控制示教器，将工业机器人末端移动到 X/Y 平面中一点
5	手动控制示教器，打开工件坐标系设置界面
6	手动控制示教器，工业机器人记录为原点 1
7	手动控制示教器，将工业机器人末端沿 X 轴方向移动到一点
8	手动控制示教器，工业机器人记录 X 轴方向点 2
9	手动控制示教器，将工业机器人末端沿 Y 轴方向移动到一点
10	手动控制示教器，工业机器人记录 Y 轴方向点 3
11	手动控制示教器，确定工件坐标系计算结果并更换工件坐标系
12	手动控制示教器，验证工件坐标系的正确性

项目 9

工业机器人程序备份与恢复

项目导言

　　本项目围绕工业机器人操作、维护岗位的职责和企业实际生产中工业机器人程序备份与恢复的工作内容，对工业机器人程序及数据的导入、程序加密、程序及数据的备份进行了详细的讲解，并设置了丰富的实训任务，可以使读者通过实操进一步理解工业机器人程序备份与恢复。

项目目标

　　（1）培养在维护工业机器人前进行数据备份的意识。

　　（2）培养导入工业机器人程序及数据的能力。

　　（3）培养加密工业机器人程序的能力。

　　（4）培养备份工业机器人程序的能力。

工业机器人程序备份与恢复	工业机器人程序及数据的导入
	工业机器人程序加密
	工业机器人程序及数据的备份

任务 9.1　工业机器人程序及数据的导入

【任务描述】

某工作站未编写工业机器人程序，请根据工业机器人程序及数据的导入方法，将 U 盘中的工业机器人程序导入本工作站的工业机器人中，并验证导入程序及数据的正确性。

【任务目标】

（1）确定将 U 盘中的程序及数据导入工业机器人的方法。
（2）将 U 盘中的程序及数据导入工业机器人。

【所需工具、文件】

实训指导手册、带有工业机器人程序的 U 盘。

【课时安排】

建议 3 学时，其中，学习相关知识 2 学时；练习 1 学时。

【工作流程】

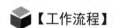

工业机器人程序及数据的导入 ——
- 了解工业机器人程序及数据的分类
- 了解工业机器人程序及数据导入的作用
- 工业机器人程序及数据的导入实操

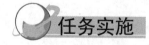

任务实施

9.1.1　了解工业机器人程序及数据的分类

工业机器人程序文件是记述被称为程序指令的向工业机器人发出一连串指令的文件。程序指令控制工业机器人的动作、外围设备及各种应用程序。程序文件被自动存储在控制装置的存储器中。

工业机器人数据一般包括 I/O 分配、工业机器人位置数据、I/O 配置信息等，不同型号及不同系列的工业机器人无法进行互相导入，只有相同型号、相同系列、相同功能的工业机器人的数据才可以互相导入，节省配置时间。

9.1.2　了解工业机器人程序及数据导入的作用

工业机器人程序及数据导入功能可以减少相同品牌、相同系列工业机器人的编程任务、I/O 配置任务，节省了工作时间，提高了生产效率，减轻了人力的重复性劳动，减小了产生错误的概率。

9.1.3　工业机器人程序及数据的导入实操

工业机器人程序及数据的导入任务操作表如表 9-1 所示。

表 9-1　工业机器人程序及数据的导入任务操作表

序　号	操 作 步 骤
1	根据实训指导手册使用数字万用表完成上电前的检查工作，检查各线路连接是否正常，电缆是否有破损、断开等现象
2	闭合工业机器人主开关，工业机器人系统完成上电工作，接通气源，并检查气动回路是否存在泄漏等现象
3	根据实训指导手册，将 U 盘插入示教器的 USB 插口
4	在示教器中找到 U 盘存储区的程序及数据
5	选择需要导入的程序及数据
6	点击"载入"，将选择的程序及数据导入工业机器人
7	打开导入的程序验证其正确性

任务 9.2　工业机器人程序加密

【任务描述】

某工作站需要对工业机器人程序进行加密，以防止工业机器人程序被改写，根据实训指导手册的操作步骤完成工业机器人程序的权限管理，根据权限不同设置密码登录的时间权限，完成工业机器人程序加密。

【任务目标】

（1）了解不同权限下可以查看的程序内容。

（2）正确登录系统查看文件列表及程序内容。

【所需文件】

实训指导手册。

【课时安排】

建议 2 学时，其中，学习相关知识 1 学时；练习 1 学时。

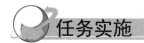【工作流程】

任务实施

9.2.1 了解工业机器人操作权限等级划分

工业机器人提供操作人员、安装人员、示教人员，或者是操作者、专家、管理者等权限等级的账号，一般默认没有管理权限或者是登录账号的人员为操作者，权限管理分配如表 9-2 所示。

表 9-2 权限管理分配表

权 限 划 分	权 限 等 级 应 用
操作人员/操作者	一般为默认用户组
安装人员/专家	编程人员用户组，有密码登录功能
示教人员/管理者	功能与专家基本一样，一般为最高权限

9.2.2 工业机器人程序加密实操

工业机器人程序加密任务操作表如表 9-3 所示。

表 9-3 工业机器人程序加密任务操作表

序　　号	操 作 步 骤
1	根据实训指导手册使用数字万用表完成上电前的检查工作，检查各线路连接是否正常，电缆是否有破损、断开等现象

序　号	操作步骤
2	闭合工业机器人主开关，工业机器人系统完成上电工作，接通气源，并检查气动回路是否存在泄漏等现象
3	根据实训指导手册，进入工业机器人设置界面
4	在设置界面进入密码设置功能
5	根据需要设置两种工业机器人权限，即安装人员与示教人员
6	根据权限不同设置不同的密码，并且设置密码登录的时间权限，做好记录
7	检查密码保护功能是否正常，完成程序的加密操作

任务 9.3　工业机器人程序及数据的备份

【任务描述】

某公司需要对工业机器人进行定期维护与保养，请根据工业机器人程序及数据的备份方法，选择需要备份的程序及数据，将工业机器人程序及数据备份到 U 盘，完成工业机器人程序及数据的备份。

【任务目标】

（1）确定工业机器人程序及数据的备份方法。

（2）将工业机器人程序及数据导入 U 盘。

【所需工具、文件】

实训指导手册、格式化完毕的 U 盘。

【课时安排】

建议 3 学时，其中，学习相关知识 1 学时；练习 2 学时。

【工作流程】

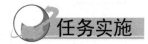
任务实施

9.3.1　了解备份的文件类型

文件是数据在工业机器人控制柜存储器内的存储单元。控制柜使用的文件类型主要有以下几项。

（1）程序文件（*.TP）。

（2）默认的逻辑文件（*.DF）。

（3）系统文件（*.SV）用于保存系统设置。

（4）I/O 配置文件（*.I/O）用于保存 I/O 配置。

（5）数据文件（*.VR）用于保存寄存器数据。

（6）记录文件（*.LS）用于保存操作和故障记录。

9.3.2　了解工业机器人程序及数据备份的意义

在进行工业机器人的维护、维修前，一般会进行工业机器人程序及数据备份，以防程序及数据丢失。

9.3.3　确定工业机器人程序及数据备份的方法

识读工业机器人实训指导手册，确定将工业机器人程序及数据导入 U 盘的方法。

9.3.4　工业机器人程序及数据备份实操

工业机器人程序及数据备份任务操作表如表 9-4 所示。

表 9-4　工业机器人程序及数据备份任务操作表

序　号	操　作　步　骤
1	根据实训指导手册使用数字万用表完成上电前的检查工作，检查各线路连接是否正常，电缆是否有破损、断开等现象
2	闭合工业机器人主开关，工业机器人系统完成上电工作，接通气源，并检查气动回路是否存在泄漏等现象

续表

序　号	操 作 步 骤
3	根据实训指导手册，将 U 盘插入示教器的 USB 插口
4	在示教器中找到工业机器人的程序及数据
5	选择需要备份的程序及数据
6	点击"备份"，将选择的程序及数据备份到 U 盘
7	打开 U 盘存储区，验证备份程序及数据是否正确

项目 10
搬运码垛工作站操作与编程

 项目导言

本项目围绕工业机器人调试岗位的职责和企业实际生产中搬运码垛工作站的安装、调试、编程、运行等工作内容，对搬运码垛工作站的安装、调试、编程、运行进行了详细的讲解，并设置了丰富的实训任务，可以使读者通过实操进一步理解搬运码垛工作站的应用。

 项目目标

（1）安装搬运码垛机器人末端执行器。

（2）安装搬运码垛机器人电气控制回路。

（3）安装搬运码垛机器人气动控制回路。

（4）使用搬运码垛机器人运动指令进行基础编程。

（5）设置搬运码垛机器人运动指令参数。

（6）完成搬运码垛机器人手动程序调试。

（7）通过编程完成装配物料的定位、夹紧和固定。

（8）进行多工位码垛程序的编写。

（9）正确配置外部常用 I/O。

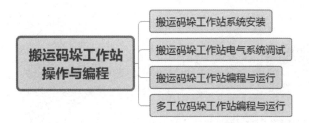

任务 10.1 搬运码垛工作站系统安装

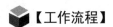【任务描述】

某公司新引进一套搬运码垛工作站，现阶段已完成搬运码垛机器人本体和控制系统的安装，请根据机械装配图、气动原理图、电气原理图，完成搬运码垛模块的安装。

【任务目标】

（1）根据搬运码垛工作站的机械装配图，完成供料机构的安装。
（2）根据搬运码垛工作站的机械装配图，完成带式输送机的安装。
（3）根据搬运码垛工作站的机械装配图，完成搬运码垛托盘支架的安装。
（4）根据搬运码垛工作站的气动原理图，完成气动系统的搭建。
（5）根据搬运码垛工作站的电气原理图，完成电气系统的连接。

【所需工具、文件】

内六角扳手、剥线钳、压线钳、一字螺丝刀、数字万用表、机械装配图、气动原理图、电气原理图。

【课时安排】

建议 4 学时，其中，学习相关知识 1 学时；练习 3 学时。

【工作流程】

任务实施

10.1.1 识读机械装配图

机械装配图是生产中重要的技术文件，它主要表达了机器或部件的结构、形状、装配关系、工作原理和技术要求。在设计机器或部件的过程中，一般先根据设计思想画出机械装配示意图，再根据机械装配示意图画出机械装配图，最后根据机械装配图画出零件图（拆图）。机械装配图是安装、调试、操作、检修工业机器人工作站的重要依据。

10.1.2 识读电气原理图

电气符号包括图形符号、文字符号、项目代号和回路标号等，它们相互关联，互为补充，以图形和文字的形式从不同的角度为电气原理图提供各种信息，电气原理图利用这些电气符号表示它的构成和工作原理。

10.1.3 搬运码垛工作站电气接线注意事项

搬运码垛工作站电气接线注意事项如下所示。

（1）在紧固接线时用力要适中，防止用力过大导致螺栓和螺母滑扣，若发现螺栓和螺母已滑扣应及时更换，严禁将就作业。

（2）当使用螺丝刀紧固或松动螺钉时，必须用力使螺丝刀顶紧螺钉，然后再进行紧固或松动，防止螺丝刀与螺钉打滑，造成螺钉损坏从而不易拆装。

（3）不要使用老虎钳紧固或松动螺栓和螺母，以防造成其损坏，在使用活动扳手时要调整好其开口的大小，防止螺栓和螺母损坏或变形，从而不易拆装。

（4）同一接线端子最多接两根相同类型及相同规格的导线。

（5）对于易松动或易接触不良的接线端子，导线接头必须以 O 形紧固在接线端子上，增加接触面积及防止接线端子松动。

（6）当导线接头或线鼻子互相连接时，严禁在它们之间加装非铜制或导电性能不好的垫片。

（7）当连接导线接头时，要求接触面光滑且无氧化现象；当导线与接线鼻子或铜排连接时，可以先将接触表面清理干净后涂抹导电膏，再进行紧固。

10.1.4　搬运码垛工作站安装实操

任何负责安装、维护、操作工业机器人的人员务必阅读并遵循以下通用安全操作规范。

（1）只有熟悉工业机器人并且经过工业机器人安装、维护、操作方面培训的人员才允许安装、维护、操作工业机器人。

（2）安装、维护、操作工业机器人的人员在饮酒、服用药品或兴奋药物后，不得安装、维护、使用工业机器人。

（3）安装、维护、操作工业机器人的人员必须有意识地对自身安全进行保护，必须主动穿戴安全帽、安全作业服、安全防护鞋。

（4）在安装、维护工业机器人时必须使用符合安装、维护要求的专用工具，安装、维护工业机器人的人员必须严格按照安装、维护说明手册或安全操作指导书中的步骤进行安装和维护。

搬运码垛工作站安装任务操作表如表 10-1 所示。

表 10-1　搬运码垛工作站安装任务操作表

序　号	操 作 步 骤
1	按照图纸要求，准备标准件及电气安装耗材和气动安装耗材
2	使用压缩空气，清洁机构的表面和安装接触面
3	使用画线工具，标记安装位置
4	选择合适的方式转运供料机构
5	按照标记位置，使用选择的标准件进行安装固定
6	采用同样的方法完成带式输送机和托盘支架的安装
7	根据气动原理图，安装电磁阀，选择合适的气管连接气路
8	根据气动安装工艺要求，绑扎气路
9	根据电气原理图，选择合适的电缆连接供料机构电磁阀、气缸位置传感器、带式输送机电动机、工件检测开关
10	根据电气原理图，连接工业机器人与 PLC 的 I/O 通信线
11	使用扭矩扳手，检测机械安装力矩，做好防松标识
12	打开气源，调整气压，手动控制电磁阀，检测气动回路搭建的正确性
13	使用数字万用表，检测 I/O 接线的正确性，确认无误后，打开总电源，然后断路器逐一上电
14	搬运码垛各模块安装牢固，气动回路正确且能正常上电，收拾工具，打扫周围卫生，完成安装

任务 10.2　搬运码垛工作站电气系统调试

【任务描述】

某搬运码垛工作站的搬运码垛机器人通过与 PLC 进行通信实现搬运码垛，请根据实际需求进行 PLC 程序的编写，并根据实训指导手册完成搬运码垛工作站电气系统的调试。

【任务目标】

（1）根据实训指导手册完成 PLC 编程软件的安装。

（2）根据实训指导手册完成 PLC 程序的编写和下载。

（3）根据实训指导手册完成搬运码垛工作站电气系统的调试。

【所需工具、文件】

一字螺丝刀、数字万用表、电气原理图。

【课时安排】

建议 3 学时，其中，学习相关知识 2 学时；练习 1 学时。

【工作流程】

10.2.1　PLC 编程

PLC 编程是一种采用数字运算操作的电子系统，是专门为了在工业环境下应用而设计的。PLC 采用可编程的存储器，用于在其内部存储执行逻辑运算、顺序控制、定时、计数和算术运算等操作指令，并通过数字式、模拟式的输入和输出，控制各种类型的机械或生产过程。

PLC 编程步骤遵循以下流程。

（1）阅读产品说明书。

（2）根据产品说明书，检查 I/O 地址。

（3）打开编程软件，进行硬件配置，并将 I/O 地址写入符号表。

（4）写出程序流程图。

（5）在软件中编写程序。

（6）调试程序。

（7）调试完成后，再次编辑程序。

（8）保存程序。

（9）填写报告。

10.2.2　搬运码垛工作站电气系统调试实操

1. 清理工作

清除设备内部及周围与操作无关的杂物，清除走道的杂物，保证通行畅通、安全。

2. 检查工作

（1）检查设备基础地脚或连接螺栓是否拧紧。

（2）检查所配仪表是否经过核校，安装位置是否合理。

（3）运动设备周围是否安装了安全罩或设置了安全警告标志。

（4）设备的各润滑点是否按要求加足了润滑油（脂）。

（5）检查压缩空气管道是否畅通，有无泄漏，水压、气压是否正常。

（6）通过点动检查设备转向是否符合要求，电路接线是否正确。

3. 确认事项

待清理和待检查的工作已逐项逐条完成后，确认电气控制系统接线正确，特别是电动机动力线接线正确；确认工艺线各检测点的报警有效，仪器、仪表、开关完整无损；确认检修工具已准备就绪。确认以上事项完成后则进行空载试运行。在试运行过程中，现场调试人员必须坚守岗位，密切注意机械设备的运转情况，及时发现并解决问题，并且必须对发现的问题及解决方法做好记录。

搬运码垛工作站电气系统调试任务操作表如表 10-2 所示。

表 10-2　搬运码垛工作站电气系统调试任务操作表

序　　号	操 作 步 骤
1	清理搬运码垛工作站周围的杂物，确保通道畅通
2	检查设备防松标识是否正常
3	检查润滑油（脂）是否加注到位
4	打开气源，调整气动回路压力
5	根据电气原理图检测电路，将断路器逐一闭合
6	根据现场 PLC 型号进行组态
7	编写 I/O 分配表
8	编写控制机器人启动程序
9	编写接收机器人反馈程序
10	编写供料程序
11	保存程序，下载到 PLC
12	调试 PLC 程序，直至输出与逻辑一致
13	将临时线制作成正式线
14	安装行线槽盖板，收拾工具
15	打扫周围卫生，完成调试

任务 10.3　搬运码垛工作站编程与运行

【任务描述】

某公司新引进一套搬运码垛工作站，现阶段已完成搬运码垛工作站的安装，请编写工业机器人程序，调试物料的搬运码垛功能，示教点位，调试工业机器人程序，完成物料的搬运码垛。

【任务目标】

（1）根据实训指导手册完成物料的搬运码垛。

（2）根据实训指导手册完成程序的示教。

（3）根据实训指导手册完成搬运码垛功能的调试。

【所需工具、文件】

一字螺丝刀、数字万用表、电气原理图。

【课时安排】

建议 4 学时，其中，学习相关知识 1 学时；练习 3 学时。

【工作流程】

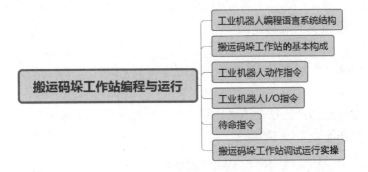

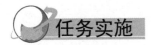

10.3.1　工业机器人编程语言系统结构

工业机器人编程语言系统包括 3 个基本操作状态：监控状态、编辑状态和执行状态。

监控状态：操作人员可以对整个系统进行监督控制。在监控状态，操作人员可以使用示教器定义工业机器人在空间中的位置、设置工业机器人的运行速度、存储或调出程序等。

编辑状态：操作人员可以编制程序或编辑程序。尽管不同语言的编辑操作不同，但一般均包括写入指令、修改或删除指令及插入指令等。

执行状态：执行工业机器人程序。在执行状态，工业机器人执行程序的每条指令，在工业机器人执行程序的过程中操作人员可通过调试程序修改错误。例如，在执行程序的过程中，若某一位置的关节超过限制，则工业机器人不能执行此程序，显示信息错误并停止运行，操作人员可返回编辑状态修改程序。目前大多数工业机器人语言允许在执行程序的过程中直接返回监控状态或编辑状态。

10.3.2　搬运码垛工作站的基本构成

搬运码垛作业是指使用一种设备握持工件，将工件从一个加工位置移动到另一个加工位置的过程。如果采用搬运码垛机器人完成这个任务，通过给搬运码垛机器人安装不同的末端执行器，可以完成不同形态和不同状态的工件搬运码垛工作。

搬运码垛工作站主要由搬运码垛机器人本体、控制柜、编程电缆及示教器组成，但是典型的搬运码垛工作站只有最基本的搬运码垛机器人系统是不够的。搬运码垛工作站不仅要求搬运码垛机器人能够满足工艺要求，同时还要满足安全、快速、易于操作和便于生产等要求。

典型的搬运码垛工作站除了具有搬运码垛机器人本体，还要具有外围控制单元、传感系统、气动系统和安全系统等。

10.3.3 工业机器人动作指令

动作指令是指以指定的移动速度和移动方法使工业机器人向工作空间的指定位置移动的指令。动作指令指定以下内容。

（1）动作类型：指定向指定位置运动的轨迹。

（2）位置资料：对工业机器人将要到达的位置进行示教。

（3）移动速度：指定工业机器人的移动速度。

（4）定位类型：指定工业机器人是否在指定位置定位。

（5）位置指示符号@：当位置数据前出现@符号时，表示工业机器人的 TCP 正处于该位置。

（6）动作附加指令：指定在运动过程中执行的附加控制和动作。

10.3.4 工业机器人 I/O 指令

I/O 指令用于改变外围设备的输出状态，或读出输入信号状态。I/O 指令主要包括数字 I/O（DI/DO）指令、工业机器人 I/O（RI/RO）指令、模拟 I/O（AI/AO）指令、群组 I/O（GI/GO）指令。

10.3.5 待命指令

待命指令是指可以在满足指定的时间或条件之前使程序待命。待命指令包括指定时间等待指令和条件等待指令两种类型。

10.3.6 搬运码垛工作站调试运行实操

搬运码垛工作站调试运行注意事项如下所示。

（1）在调试搬运码垛工作站前要检查气路连接、电路连接是否正确，以及各机械部件是否固定。

（2）准备好需要的工件及工具，根据搬运码垛工作站的生产工艺及要求，处理好调试中发现的问题。

（3）在自动运行设备前，一定要手动运行设备，待确认无误后，方可自动运行设备。当自动运行设备时，确认外部急停按钮等外部安全按钮有效。

搬运码垛工作站调试运行任务操作表如表 10-3 所示。

表 10-3　搬运码垛工作站调试运行任务操作表

序　号	操 作 步 骤
1	插入轴运动指令，操作搬运码垛机器人到安全点 P0，并进行示教
2	插入轴运动指令，当前点为点 P1 的 Z 方向偏移 50mm
3	插入直线运动指令，操作搬运码垛机器人到抓取物料点
4	示教当前位置点 P1
5	置位吸盘电磁阀
6	复制步骤 2 指令，将其修改为直线运动指令
7	插入轴运动指令，当前点为点 P2 的 Z 方向偏移 50mm
8	插入直线运动指令，操作搬运码垛机器人到放置物料点
9	示教当前位置点 P2
10	复位吸盘电磁阀
11	复制步骤 7 指令，修改为直线运动指令
12	复制步骤 1 指令，完成运动指令编程
14	确认无误后，自动运行搬运码垛机器人，完成程序的调试运行

任务 10.4　多工位码垛工作站编程与运行

【任务描述】

某公司新引进一套多工位码垛工作站，现阶段已完成多工位码垛工作站的安装，外部 PLC 启动程序也已编写完成，请编写码垛机器人程序，实现物料的码垛功能，并且能接收 PLC 的启动信号，启动码垛机器人，在启动完成后，反馈信号给码垛机器人，使码垛机器人接收来自 PLC 的托盘号信号，并根据托盘号信号进行码垛。

【任务目标】

（1）根据实训指导手册完成物料码垛。

（2）根据实训指导手册完成码垛机器人与 PLC 的 I/O 通信连接。

（3）根据实训指导手册完成多工位码垛程序的编写。

【所需工具、文件】

一字螺丝刀、数字万用表、实训指导手册。

【课时安排】

建议 4 学时，其中，学习相关知识 1 学时；练习 3 学时。

【工作流程】

10.4.1　寄存器指令

寄存器指令是进行寄存器的算术运算的指令，主要包括数据寄存器指令、位置寄存器指令、位置寄存器要素指令、码垛寄存器指令。

10.4.2　条件比较指令

条件比较指令功能是指如果条件满足，则工业机器人转移到指定的跳跃指令或子程序调用指令；若条件不满足，则工业机器人不进入条件满足区域，继续执行下一条指令。

可以通过逻辑运算符"与""或"将多个条件组合在一起，但是"与""或"不能在同一行使用。

10.4.3　条件选择指令

条件选择指令是指工业机器人根据寄存器的值转移到指定的跳跃指令或子程序调用指令。

10.4.4　多工位码垛工作站调试运行实操

多工位码垛工作站调试运行注意事项如下所示。

（1）调试多工位码垛工作站前要检查气路连接、电路连接是否正确，以及各机械部件是否牢固。

（2）准备好需要的工件及工具，根据多工位码垛工作站的生产工艺及要求，处理好调试中发现的问题。

（3）在自动运行设备前，一定要手动运行设备，待确认无误后，方可自动运行设备。在自动运行设备时，确认外部急停按钮等外部安全按钮有效。

多工位码垛工作站调试运行任务操作表如表 10-4 所示。

表 10-4　多工位码垛工作站调试运行任务操作表

序　号	操 作 步 骤
1	添加等待 PLC 启动指令
2	插入轴运动指令，操作码垛机器人到安全点 P0，并进行示教
3	添加码垛机器人启动完成指令
4	插入轴运动指令，当前点为 P1 的 Z 方向偏移 50mm
5	插入直线运动指令，操作码垛机器人到抓取物料点
6	示教当前位置点 P1
7	置位吸盘电磁阀
8	插入读取托盘号指令
9	托盘号寄存器的值若为 1，则跳转至步骤 10；若为 2，则跳转至步骤 15，否则等待
10	复制步骤 2 指令，修改为直线运动指令
11	插入轴运动指令，当前点为 P2 的 Z 方向偏移 50mm
12	插入直线运动指令，操作码垛机器人到放置物料点
13	示教当前位置点 P2
14	复位吸盘电磁阀
15	复制步骤 11 指令，修改为直线运动指令
16	插入调转至步骤 23 指令
17	插入轴运动指令，当前点为 P3 的 Z 方向偏移 50mm
18	插入直线运动指令，操作码垛机器人到放置物料点
19	示教当前位置点 P3
20	复位吸盘电磁阀
21	复制步骤 15 指令，修改为直线运动指令
22	插入调转至步骤 23 指令
23	复制步骤 1 指令，完成运动指令编程
24	强制 PLC 输出，手动检查码垛机器人程序
25	确认无误后，自动运行码垛机器人，完成多工位码垛工作站调试运行

项目 11
装配工作站操作与编程

 项目导言

本项目围绕工业机器人调试岗位的职责和企业实际生产中装配工作站的安装、调试、编程、运行等工作内容，对装配工作站的安装、调试、编程、运行进行了详细的讲解，并设置了丰富的实训任务，可以使读者通过实操进一步理解装配工作站的应用。

 项目目标

（1）安装装配机器人末端执行器。

（2）根据技术文件，选用和安装视觉传感器、位置传感器、力觉传感器。

（3）调整加减速倍率等参数。

（4）进行装配程序的编写。

（5）进行视觉装配程序的编写。

（6）进行触摸屏程序的编写。

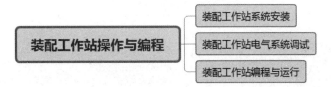

任务 11.1　装配工作站系统安装

【任务描述】

某公司新引进一套装配工作站，现阶段已完成装配机器人本体和控制系统的安装，请根据安装布局图的要求，完成装配模块的安装。

【任务目标】

（1）完成供料机构的安装。

（2）完成装配机构的安装。

（3）完成装配机器人与 PLC 的 I/O 通信连接。

【所需工具、文件】

内六角扳手、剥线钳、压线钳、一字螺丝刀、数字万用表、电气原理图、安装布局图。

【课时安排】

建议 4 学时，其中，学习相关知识 1 学时；练习 3 学时。

【工作流程】

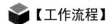

任务实施

11.1.1　装配工作站的构成

装配工作站系统主要由装配机器人、控制系统、装配系统、传感系统和安全保护装置构成，操作人员可通过示教器和操作面板进行装配机器人运动位置和动作程序的示教，设定装配机器人的运行速度、装配动作及参数。

1）装配机器人

装配机器人的工作任务是对部件进行装配，在装配完成后装配机器人将装配体存储到仓储单元。

2）PLC 控制柜

PLC 控制柜用于安装断路器、PLC、开关电源、中间继电器等，其中，PLC 是控制装配工作站的核心，可以控制装配机器人的启动与停止、带式输送机的启动与停止、供料机构的供料。

3）供料转运机构

供料转运机构用于进行物料的供应和转运，通过 PLC 控制供料转运机构和带式输送机的运行。

4）视觉系统

视觉系统用于检测工件位置，装配机器人根据视觉的位置，对工件进行处理。装配机器人视觉系统由镜头、光源、视觉控制器构成。

11.1.2　装配工作站系统安装实操

任何负责安装、维护、操作工业机器人的人员务必阅读并遵循以下通用安全操作规范。

（1）只有熟悉工业机器人并且经过工业机器人安装、维护、操作方面培训的人员才允许安装、维护、操作工业机器人。

（2）安装、维护、操作工业机器人的人员在饮酒、服用药品或兴奋药物后，不得安装、维护、使用工业机器人。

（3）安装、维护、操作工业机器人的人员必须有意识地对自身安全进行保护，必须主动穿戴安全帽、安全作业服、安全防护鞋。

（4）在安装、维护工业机器人时必须使用符合安装、维护要求的专用工具，安装、维护工业机器人的人员必须严格按照安装、维护说明手册或安全操作指导书中的步骤进行安装和维护。

装配工作站系统安装任务操作表如表 11-1 所示。

表 11-1　装配工作站系统安装任务操作表

序　　号	操 作 步 骤
1	按照图纸要求，准备标准件及电气安装耗材和气动安装耗材
2	使用压缩空气，清洁机构的表面和安装接触面
3	使用画线工具，标记安装位置
4	按照标记位置，使用正确的标准件进行安装固定
5	选择合适的转运方式，转运供料机构
6	用同样的方法完成带式输送机和装配支架的安装
7	根据气动原理图安装电磁阀，选择合适的气管连接气路
8	根据气动安装工艺要求，绑扎气路
9	根据电气原理图，选择合适的电缆连接供料机构电磁阀、气缸位置传感器、带式输送机电动机、有料检测开关
10	根据电气原理图，连接装配机器人与 PLC 的通信线
11	使用扭矩扳手检测机械安装力矩，做好防松标识
12	打开气源，调整气压，手动控制电磁阀，检测气动回路搭建的正确性
13	使用数字万用表，检测 I/O 接线的正确性，确认无误后，打开总电源，然后断路器逐一上电
14	装配工作站各模块安装牢固，气动回路正确且能正常上电，收拾工具，打扫周围卫生，完成安装

任务 11.2　装配工作站电气系统调试

【任务描述】

某公司新引进一套装配工作站，现阶段已完成装配工作站的安装，请根据电气原理图，规划 I/O 分配表，检测 I/O 接线的正确性，编写相应的 PLC 程序，通过 PLC 控制装配机器人的启动。

【任务目标】

（1）完成 I/O 端口的检测。

（2）完成 I/O 分配表的规划。

（3）完成装配机器人远程 I/O 的配置。

（4）完成 PLC 程序的编写。

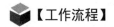【所需工具、文件】

一字螺丝刀、数字万用表、电气原理图。

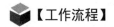【课时安排】

建议 3 学时，其中，学习相关知识 1 学时；练习 2 学时。

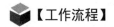【工作流程】

任务实施

11.2.1 远程 I/O 模块

远程 I/O 模块就是具有通信功能的数据采集/传送模块，它本身没有控制调节功能，只是将现场数据传送到控制中心（如 PLC），或者接收控制中心的数据，对现场设备进行控制。

通信方式有很多，各厂家都有自己的标准，如 PROFINT、PROFIBUS、MODBUS 等。以往都是用控制电缆与 PLC 连接。如果采用远程 I/O 模块，就可以通过一条通信线与 PLC 连接，节省了布线数量和 PLC 的 I/O 点数。

11.2.2 触摸屏控件

触摸屏控件由主控窗口、设备窗口、用户窗口、实时数据库和运行策略 5 部分组成。

主控窗口：构造了应用系统的主框架。用于对整个与工程相关的参数进行配置，可以设置封面窗口、运行工程的权限、启动画面、内存画面、磁盘预留空间等。

设备窗口：应用系统与外围设备联系的媒介。专门用于放置不同类型和不同功能的设备构件，实现应用系统对外围设备的操作和控制。设备窗口通过设备构件采集外围设备的数据，然后将外围设备的数据送入实时数据库，或者将实时数据库中的数据输出到外围设备。

用户窗口：实现了应用系统数据和流程的可视化。工程里所有可视化的界面都是在用户窗口构建的。用户窗口可以放置 3 种不同类型的图形对象：图元、图符和动画构件。通过在用户窗口放置不同的图形对象，用户可以构造各种复杂的图形界面，可以用不同的方式实现应用系统数据和流程的可视化。

实时数据库：应用系统的核心。实时数据库相当于一个数据处理中心，同时也有公共数据交换区的作用。将外围设备采集的实时数据输送到实时数据库，应用系统其他部分操作的数据也来自实时数据库。

运行策略：实现控制应用系统运行流程的有效手段。运行策略本身是应用系统提供的框架，它里面放置由策略条件构件和策略构件组成的策略行，通过对运行策略的定义，使应用系统能够按照设定的顺序和条件操作任务，实现对外围设备工作过程的精确控制。

11.2.3 装配工作站电气系统调试实操

1. 清理工作

清除设备内部及周围与操作无关的杂物，清除走道的垃圾，保证通行畅通、安全。

2. 检查工作

（1）检查设备基础地脚或连接螺栓是否拧紧。

（2）检查所配仪表是否经过核校，安装位置是否合理。

（3）运动设备周围是否安装了安全罩或设置了安全警告标志。

（4）设备的各润滑点是否按要求加足了润滑油（脂）。

（5）检查压缩空气管道是否畅通，有无泄漏，水压、气压是否正常。

（6）通过点动检查设备转向是否符合要求，电路接线是否正确。

3. 确认事项

待清理和待检查的工作已逐项逐条完成后，确认电气控制系统接线正确，特别是电动机动力线接线正确；确认工艺线各检测点的报警有效，仪器、仪表、开关完整无损；确认检修工具已准备就绪。确认以上事项完成后则进行空载试运行。在试运行过程中，现场调试人员必须坚守岗位，密切注意机械设备的运转情况，及时发现并解决问题，并且必须对发现的问题及解决方法做好记录。

装配工作站电气系统调试任务操作表如表 11-2 所示。

表 11-2　装配工作站电气系统调试任务操作表

序　　号	操 作 步 骤
1	清理装配工作站周围的杂物，确保通道畅通
2	检查设备防松标识是否正常
3	检查润滑油（脂）是否加注到位
4	打开气源，调整气路压力
5	根据电气原理图检测电路，将断路器逐一闭合
6	根据现场 PLC 型号进行组态
7	组态装配机器人远程 I/O
8	编写 I/O 分配表
9	编写控制机器人启动程序
10	编写接收机器人反馈程序
11	编写供料程序
12	保存程序，下载到 PLC
13	调试 PLC 程序，直至输出与逻辑一致
14	编写触摸屏控制装配机器人启动控件
15	编写修改托盘号的数值输入控件
16	保存程序，下载到触摸屏
17	手动操作触摸屏控制装配机器人启动，观察装配机器人变量
18	将临时线制作成正式线
19	安装行线槽盖板，收拾工具
20	打扫周围卫生，完成调试

任务 11.3　装配工作站编程与运行

【任务描述】

某公司新引进一套装配工作站，现阶段已完成装配工作站的安装，外部 PLC 启动程序也已编写完成，请编写装配机器人程序，实现物料的装配功能，并且能接收 PLC 的启动信号，启动装配机器人，启动完成后，反馈信号给装配机器人。

【任务目标】

（1）完成物料装配。

（2）完成装配机器人与 PLC 的 I/O 通信连接。

【所需工具、文件】

一字螺丝刀、数字万用表、电气原理图。

【课时安排】

建议 4 学时，其中，学习相关知识 1 学时；练习 3 学时。

【工作流程】

任务实施

11.3.1 手腕关节动作指令

手腕关节动作指令不在轨迹控制动作中对手腕的姿势进行控制，而在指定直线动作或圆弧动作时使用该指令。

11.3.2 加减速倍率指令

加减速倍率指令可以指定动作中的加减速需要时间的比率。当减小加减速倍率时，加减速时间将会延长（慢慢进行加速/减速），使用不足100%的加减速倍率值。当增大加减速倍率时，加减速时间将会缩短（快速进行加速/减速）。对于动作非常慢的部分，或者当需要缩短节拍时间时，请使用比100%大的加减速倍率值。通过调节加减速倍率，可以缩短或延长工业机器人从开始位置到目标位置的移动时间。指定加减速倍率值可以使用寄存器，加减速倍率值为 0%～150%。将加减速倍率编程在目标位置，当加减速倍率值增大时，工业机器人加速时间缩短；当加减速倍率值减小时，工业机器人加速时间延长。

11.3.3　增量指令

增量指令将位置资料中记录的值作为现在位置的增量移动量使工业机器人移动。位置资料中已经记录了来自现在位置的增量移动量。

增量条件通过以下要素指定。

（1）若位置资料为关节坐标值，则使用关节的增量值。

（2）若位置资料中使用位置变量"P[i]"，则使用位置资料中指定的用户坐标系号码作为基准的用户坐标系，但是，自动进行坐标系的核实（核实直角坐标系）。

（3）若位置资料中使用位置寄存器，则使用当前选择的用户坐标系作为基准的用户坐标系。

（4）若同时使用位置补偿指令和工具补偿指令，则动作语句中位置资料的数据格式和补偿用的位置寄存器的数据格式应当一致。此时，补偿量作为指定的增量值的补偿量使用。

11.3.4　装配工作站调试运行实操

装配工作站调试运行注意事项如下所示。

（1）在调试装配工作站前要检查气路连接、电路连接是否正确，以及各机械部件是否固定。

（2）准备好需要的工件及工具，根据装配工作站的生产工艺及要求，处理好调试中发现的问题。

（3）在自动运行设备前，一定要手动运行设备，待确认无误后，方可自动运行设备。在自动运行设备时，确认外部急停按钮等外部安全按钮有效。

装配工作站调试运行任务操作表如表 11-3 所示。

表 11-3　装配工作站调试运行任务操作表

序　号	操 作 步 骤
1	插入轴运动指令，将装配机器人移动到安全点 $P0$，并示教
2	插入轴运动指令，当前点为 $P1$ 的 Z 方向偏移 50mm
3	插入直线运动指令，将装配机器人移动到抓取工件 1 处
4	示教当前位置点 $P1$
5	置位吸盘电磁阀
6	复制步骤 2 指令，修改为直线运动指令
7	插入轴运动指令，当前点为 $P2$ 的 Z 方向偏移 50mm
8	插入直线运动指令，将装配机器人移动到放置工件点

序　　号	操 作 步 骤
9	示教当前位置点 $P2$
10	复位吸盘电磁阀
11	重复步骤 2～步骤 10，将工件 2 装配至工件 1 中
12	复制步骤 7 指令，修改为直线运动指令
13	复制步骤 1 指令，完成运动指令编程
14	在步骤 1 前，添加等待 PLC 启动指令
15	在步骤 1 后，添加装配机器人启动指令
16	强制 PLC 输出，手动检查装配机器人程序
17	确认无误后，装配机器人自动运行，完成装配工作站调试运行

项目 12
工业机器人常规检查

 项目导言

本项目围绕工业机器人维护岗位的职责和企业实际生产中工业机器人常规检查的工作内容，对工业机器人本体、控制柜、附件的常规检查，以及对工业机器人运行参数及运行状态监测进行了详细的讲解。通过设置丰富的实训任务，可以使读者进一步理解工业机器人常规检查的事项。

 项目目标

（1）培养工业机器人维护与保养意识。

（2）对工业机器人本体进行检查与维护。

（3）对工业机器人控制柜进行检查与维护。

（4）对工业机器人外围波纹管、电气附件进行检查与维护。

（5）对工业机器人系统的运行状态及运行参数进行检测并记录异常。

- 工业机器人常规检查
  - 工业机器人本体常规检查
  - 工业机器人控制柜常规检查
  - 工业机器人附件常规检查
  - 工业机器人运行参数及运行状态检测

任务 12.1 工业机器人本体常规检查

【任务描述】

某公司的维护人员对工业机器人本体进行常规检查，请根据工业机器人本体常规检查的方法，对工业机器人的机械部件、电缆及紧固螺钉进行常规检查，并做好记录。

【任务目标】

（1）了解工业机器人常规检查。

（2）确认工业机器人本体渗油的位置。

（3）确认工业机器人振动、异响的位置。

（4）了解工业机器人定位精度。

【所需工具、文件】

内六角扳手、日常检查表、记号笔、干净的擦机布。

【课时安排】

建议 3 学时，其中，学习相关知识 1 学时；练习 2 学时。

【工作流程】

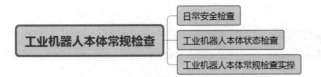

任务实施

12.1.1 日常安全检查

安全机构是保证人身安全的前提，因此安全机构检查应纳入日常安全检查范围。安全使用工业机器人要遵循的原则有：不随意短接、不随意改造控制柜急停按钮、不随意拆除、规范操作。

工业机器人本体急停按钮的检查包括控制柜急停按钮检查和手持示教器急停按钮检查。

12.1.2　工业机器人本体状态检查

工业机器人本体在良好的状态下能够保持运行的稳定性，并且可以防止事故的发生和延长工业机器人的使用寿命。工业机器人本体状态检查可通过看、听、闻等方式进行。

12.1.3　工业机器人本体常规检查实操

工业机器人本体常规检查任务操作表如表 12-1 所示。

表 12-1　工业机器人本体常规检查任务操作表

序　号	操 作 步 骤
1	按下控制柜上的急停按钮
2	确认界面是否显示报警诊断信息
3	旋出急停按钮，按下复位按钮，检查报警信息是否已清除
4	按下示教器上的急停按钮，重复步骤 2～步骤 3
5	使用示教器操作工业机器人，观察工业机器人各轴在运行过程中有无异常抖动
6	采用手动运行模式检查工业机器人的电动机温度是否异常
7	手动示教工业机器人位置，重复运行后查看其点位是否正确，并做好记录
8	观察每个运动关节的连接处是否有油渍渗出，并做好记录
9	确认工业机器人本体使用环境整洁

任务 12.2　工业机器人控制柜常规检查

【任务描述】

某公司的维护人员对工业机器人控制柜进行常规检查，请根据工业机器人控制柜常规检查的方法，对工业机器人的示教器电缆、控制柜通风口、控制柜内部电缆外露连接器等进行常规检查，并做好记录。

【任务目标】

（1）清理控制柜污渍、灰尘。

（2）保持示教器电缆清洁并查看其有无破损。

（3）清洁控制柜通风口。

（4）检查控制柜内部电缆外露连接器是否松动。

【所需工具、文件】

一字螺丝刀、十字螺丝刀、数字万用表、日常检查表、记号笔、干净的擦机布。

【课时安排】

建议 4 学时，其中，学习相关知识 1 学时；练习 3 学时。

【工作流程】

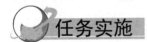

任务实施

12.2.1　了解控制柜常规检查项目

1）控制柜的清洁

控制柜的干净清洁有利于控制柜的稳定运行，能够保证控制柜的正常散热。

2）控制柜电缆的状态检查

控制柜电缆的状态检查能够保证控制柜内各控制板之间的通信和功能正常。

12.2.2　控制柜常规检查实操

控制柜常规检查任务操作表如表 12-2 所示。

表 12-2　控制柜常规检查任务操作表

序　号	操 作 步 骤
1	断开控制柜电源
2	打开控制柜的柜门，使用干净的擦机布，将工业机器人控制柜的灰尘清理干净
3	检查控制柜的出风口是否积聚了大量灰尘，造成通风不良
4	检查控制柜的散热风扇是否转动正常

续表

序 号	操 作 步 骤
5	使用工具拆下风扇过滤网，使用吹尘枪清理风扇滤网。使用干净的擦机布将散热风扇扇叶清理干净
6	使用干净的擦机布将示教器电缆、工业机器人本体电缆等清理干净，查看电缆有无破损及过分扭曲，并做好记录
7	使用一字螺丝刀、十字螺丝刀检查控制柜连接器有无松动，并做好记录
8	检测控制柜的电源电压是否正常，确保电压在正常范围内，接地良好
9	控制柜检查完毕后，重新给系统上电，查看工业机器人有无报警信息，并做好记录

任务 12.3　工业机器人附件常规检查

【任务描述】

某公司的维护人员对工业机器人附件进行常规检查，请根据工业机器人附件常规检查的方法，对工业机器人附件管线包、末端执行器、气动回路等进行常规检查，并做好记录。

【任务目标】

（1）检查与清理工业机器人管线包。

（2）检查末端执行器螺栓有无松动、异响。

（3）检查气动回路有无漏气、异响。

【所需工具、文件】

一字螺丝刀、十字螺丝刀、内六角扳手、日常检查表、记号笔、干净的擦机布。

【课时安排】

建议 3 学时，其中，学习相关知识 2 学时；练习 1 学时。

【工作流程】

```
                              ┌─ 了解工业机器人附件常规检查项目
工业机器人附件常规检查 ────┤
                              └─ 工业机器人附件常规检查实操
```

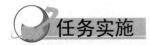
任务实施

12.3.1　了解工业机器人附件常规检查项目

工业机器人管线包：工业机器人管线包用于机械手臂、示教器、控制柜内部的相互连接，采用特殊材料进行绝缘，拥有非常好的耐弯曲性能。外面一般覆盖耐油、阻燃、柔性的材料，可以满足工业机器人电缆的使用需求。工业机器人管线包的维护与保养能够保证工业机器人本体的活动范围不受影响，从而保证工业机器人的正常运行。

工业机器人末端执行器：工业机器人末端执行器一般包括工业机器人手爪、工业机器人工具快换装置、工业机器人末端传感器、工业机器人气动工具等。工业机器人末端执行器的正确维护能够保证工业机器人作业准确，满足工艺要求。

工业机器人气动回路：工业机器人气动回路一般由气源、过滤器、减压阀、节流阀、电磁阀、气缸等气动元件组成，为工业机器人的工艺动作提供动力支持。气动回路的良好维护能够保持工业机器人的动作稳定准确。

12.3.2　工业机器人附件常规检查实操

工业机器人附件常规检查任务操作表如表 12-3 所示。

表 12-3　工业机器人附件常规检查任务操作表

序　号	操 作 步 骤
1	检查工业机器人的管线包，确认管线包外表是否有损坏，若有损坏，应对电缆保护套进行更换
2	检查管线包内电缆是否有弯曲缠绕等现象
3	检查末端执行器的电缆有无过度弯曲
4	检查末端执行器的气管有无过度弯曲
5	检查末端执行器的紧固螺栓，并拧紧
6	查看工业机器人的气源压力表是否在正常压力范围
7	手动测试电磁阀，检查气缸动作是否符合要求
8	调节节流阀，手动测试电磁阀，观察气缸动作有无变化

任务 12.4　工业机器人运行参数及运行状态检测

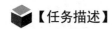【任务描述】

某公司的维护人员查看工业机器人运行参数及运行状态，请根据工业机器人运行参数及运行状态检测的方法，对工业机器人的运行电流、碰撞检测等状态进行检测，并做好记录。

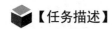【任务目标】

（1）观察工业机器人运行电流。

（2）观察各电动机转矩百分比。

（3）观察各电动机温度反馈值。

（4）观察碰撞检测历史记录显示。

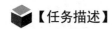【所需工具、文件】

日常检查表、记号笔。

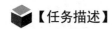【课时安排】

建议 3 学时，其中，学习相关知识 2 学时；练习 1 学时。

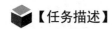【工作流程】

工业机器人运行参数及运行状态检测	工业机器人常见运行参数
	工业机器人运行参数及运行状态检测实操

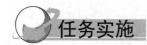 任务实施

12.4.1　工业机器人常见运行参数

1）工业机器人运行电流

工业机器人的控制面板一般可检测工业机器人的运行电流，通过运行电流前后的变

化可反映出工业机器人运行状态的变化。

2）电动机转矩百分比

工业机器人的控制面板一般可检测每个轴的电动机的转矩百分比，通过转矩的变化可观察每个轴的负载，从而合理分配每个轴的转矩负载，可使工业机器人的运行更加流畅。

3）碰撞检测信息

当工业机器人因受到意外碰撞停止后，控制面板将留下报警记录，这些报警记录会及时提醒我们进行相关的维护工作。

12.4.2　工业机器人运行参数及运行状态检测实操

工业机器人运行参数及运行状态检测任务操作表如表 12-4 所示。

表 12-4　工业机器人运行参数及运行状态检测任务操作表

序　　号	操 作 步 骤
1	在示教器的诊断界面下，运行相同的工业机器人程序，观察工业机器人的运行电流，并与之前的数据进行对比，观察运行电流是否有较大变化
2	在示教器的诊断界面中查看工业机器人各轴的电动机的转矩百分比，并做好记录
3	在示教器的诊断界面中查看工业机器人的碰撞检测信息，并做好记录

项目 13
工业机器人本体及控制柜定期检查与维护

 项目导言

本项目围绕工业机器人维护岗位的职责和企业实际生产中定期维护的工作内容，对工业机器人本体润滑油（脂）的更换、电动机与减速机的更换、控制柜的定期检查与维护进行了详细的讲解，设置了丰富的实训任务，可以使读者通过实操进一步理解工业机器人本体及控制柜的定期检查与维护。

 项目目标

（1）培养对工业机器人系统进行定期检查与维护的意识。

（2）培养更换润滑油（脂）的能力。

（3）培养更换工业机器人电动机与减速机的能力。

（4）培养定期检查与维护控制柜的能力。

工业机器人本体及控制柜定期检查与维护
- 工业机器人本体润滑油（脂）的更换
- 工业机器人本体电动机与减速机的更换
- 工业机器人控制柜的定期检查与维护
- 工业机器人控制柜控制原理图识读与电路检查

任务 13.1　工业机器人本体润滑油（脂）的更换

【任务描述】

某公司的维护人员对工业机器人进行定期检查与维护，为了充分发挥工业机器人的性能，请根据工业机器人定期检查与维护的方法，更换工业机器人本体的润滑油（脂），并做好记录。

【任务目标】

（1）清理工业机器人的注油口、排油口。

（2）调整工业机器人的方位角。

（3）更换工业机器人本体的润滑油（脂）。

【所需工具、文件】

工业机器人机械保养手册、内六角扳手、干净的擦机布、润滑油（脂）、加油枪、数字万用表、定期保养记录、记号笔等。

【课时安排】

建议 6 学时，其中，学习相关知识 2 学时；练习 4 学时。

【工作流程】

工业机器人本体润滑油（脂）的更换 ── 更换工业机器人本体润滑油(脂)的注意事项

工业机器人本体润滑油(脂)的更换实操

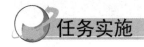
任务实施

13.1.1　更换工业机器人本体润滑油（脂）的注意事项

更换工业机器人本体润滑油（脂）的注意事项如下所示。

（1）在注油（脂）时如果没有取下排油口的螺塞/螺钉，油（脂）会进入电动机或减速机导致油封脱落，从而引起电动机故障。因此，在注油（脂）时一定要取下排油口的螺塞/螺钉。

（2）不要在排油口安装连接件、油管等，会导致油封脱落，造成电动机故障。

（3）使用专用油泵注油。设定的油泵压力应符合工业机器人机械保养手册的要求，注油速度应符合工业机器人机械保养手册的要求。

（4）一定要在注油（脂）前向注油侧的管内填充润滑油（脂），防止空气进入减速机，注油（脂）前一定要断开电源开关，完成系统断电工作，使用数字万用表查看电源是否断开，关闭气阀。

13.1.2　工业机器人本体润滑油（脂）的更换实操

工业机器人本体润滑油（脂）的更换任务操作表如表 13-1 所示。

表 13-1　工业机器人本体润滑油（脂）的更换任务操作表

序　号	操 作 步 骤
1	手动操作将工业机器人移至换油姿态
2	根据工业机器人机械保养手册，找到工业机器人各轴的注油口和排油口位置
3	在补充润滑油（脂）时，取下排油口的螺塞，用油枪从注油口注油。在安装排油口螺塞前，运转轴几分钟，使多余的润滑油（脂）从排油口排出
4	用抹布擦净从排油口排出的多余润滑油（脂），安装螺塞。螺塞的螺纹处要包缠生胶带并使用扳手拧紧
5	在更换润滑油（脂）时，取下排油口螺塞，使用油枪从注油口注油。从排油口排出旧油，当开始排出新油时，说明润滑油（脂）更换完成
6	在安装排油口螺塞前，运转轴几分钟，使多余的润滑油（脂）从排油口排出
7	用抹布擦净从排油口排出的多余润滑油（脂），安装螺塞。螺塞的螺纹处要包缠生胶带并使用扳手拧紧

任务 13.2　工业机器人本体电动机与减速机的更换

【任务描述】

某公司由于操作人员操作失误，工业机器人本体电动机与减速机产生了异响，请根据工业机器人本体电动机与减速机的更换方法，对工业机器人本体电动机与减速机进行更换并恢复其功能。

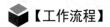【任务目标】

（1）掌握电动机和减速机的结构。

（2）掌握电动机和减速机的更换步骤。

（3）完成工业机器人本体电动机和减速机的更换。

（4）完成工业机器人功能的恢复。

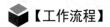【所需工具】

内六角扳手、接油盒、漏斗、干净的擦机布。

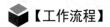【课时安排】

建议 6 学时，其中，学习相关知识 3 学时；练习 3 学时。

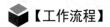【工作流程】

| 工业机器人本体电动机与减速机的更换 | 更换电动机与减速机的注意事项 |
| | 工业机器人本体电动机与减速机的更换步骤 |

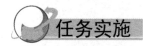任务实施

13.2.1　更换电动机与减速机的注意事项

更换电动机与减速机的注意事项如下所示。

（1）工业机器人本体电动机与减速机是保证工业机器人运行精度的关键零部件，在进行安装和更换时，要严格按照维修手册的内容进行，错误的安装和使用方法都将导致工业机器人的运行失去精度。

（2）在更换电动机与减速机时要根据更换关节轴电动机的不同，调整工业机器人的停止姿态，并做好工业机器人固定措施，防止工业机器人在更换关节轴电动机时发生移动，如图 13-1 所示。

（3）一旦更换了电动机、减速机和齿轮，就需要执行校对型号操作。在运输和装配较重部件时应格外小心。电动机安装示意图如图 13-2 所示。

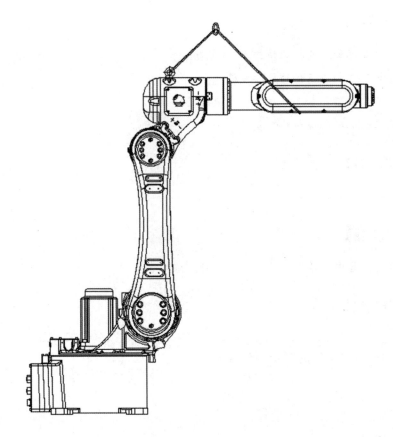

图 13-1　J2 轴减速机更换位姿

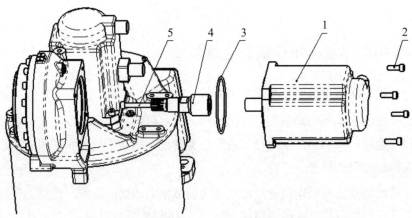

1—电动机；2—内六角螺钉；3—O 形圈；4—输入齿轮；5—固定螺栓

图 13-2　电动机安装示意图

13.2.2　工业机器人本体电动机与减速机的更换步骤

工业机器人本体电动机的更换任务操作表如表 13-2 所示。

表 13-2　工业机器人本体电动机的更换任务操作表

序　号	操 作 步 骤
1	切断电源
2	拆除脉冲编码器和连接器盖板
3	拆除电动机连接器
4	拆除 3 个电动机固定螺栓、垫圈
5	拆除电动机
6	使用油石抛光新电动机安装面
7	使用夹具，安装输入齿轮
8	将电动机安装于底座指定位置
9	将连接器安装在电动机上
10	安装脉冲编码器和连接器盖板
11	安装完成后执行校对操作

工业机器人本体减速机的更换任务操作表如表 13-3 所示。

表 13-3　工业机器人本体减速机的更换任务操作表

序　号	操 作 步 骤
1	拆下末端执行器或其夹持的工件
2	根据维修手册，将工业机器人调整到合适的角度并拆除固定螺栓
3	切断电源
4	根据图 13-1 所示的 J2 轴减速机更换位姿拆除电动机
5	拆除控制单元和工业机器人之间的连接电缆与连接器
6	拆除底座电缆夹具
7	拆除减速机固定螺栓和垫圈，拆除减速机
8	使用油石抛光底座减速机的安装面
9	将 O 形圈安装到减速机后，使用定位销将减速机安装到底座上
10	使用减速机固定螺栓和垫圈固定减速机
11	将密封剂添加到减速机轴表面
12	将主要的工业机器人轴单元用定位销安放在底座上，使用定位销执行定位操作
13	使用底座固定螺栓和垫圈执行固定操作
14	整齐地布置电缆，固定底座夹具
15	按照表 13-2 所示的步骤，固定轴电动机
16	安装控制单元和工业机器人之间的连接电缆

续表

序　号	操 作 步 骤
17	添加润滑油（脂）
18	执行校对操作

任务 13.3　工业机器人控制柜的定期检查与维护

【任务描述】

某公司的维护人员对工业机器人控制柜进行定期检查与维护，为了充分发挥工业机器人的性能，请根据控制柜定期检查与维护的方法，对工业机器人控制柜进行定期检查与维护，并做好记录。

【任务目标】

（1）明确控制柜日常检查项目并对其进行检查与维护。

（2）明确控制柜季度检查项目并对其进行检查与维护。

（3）明确控制柜年度检查项目并对其进行检查与维护。

【所需工具、文件】

工业机器人机械保养手册、内六角扳手、干净的擦机布、润滑油（脂）、加油枪、数字万用表、定期保养记录、记号笔。

【课时安排】

建议 4 学时，其中，学习相关知识 2 学时；练习 2 学时。

【工作流程】

```
                                      ┌─ 了解控制柜定期检查与维护注意事项
工业机器人控制柜的定期检查与维护 ──┼─ 了解控制柜定期检查与维护内容
                                      └─ 工业机器人控制柜定期检查与维护实操
```

13.3.1　了解控制柜定期检查与维护注意事项

控制柜检查与维护应遵守以下注意事项，安全作业。

（1）在更换零件前，应先切断电源，5 分钟后再进行作业（切断电源后 5 分钟内请勿打开控制装置的门）。此外，请勿用潮湿的手进行作业。

（2）更换作业必须由接受过本公司工业机器人学校维修保养培训的人员进行。

（3）作业人员的身体（手）和控制装置的 GND 端子必须保持电气短路，应在同电位下进行作业。

（4）在更换零件时，切勿损坏连接电缆。此外，请勿触摸印刷基板的电子元件及线路、连接器的触点部分（应手持印刷基板的外围）。

13.3.2　了解控制柜定期检查与维护内容

1）日常检查

日常检查的检查项目及检查点如表 13-4 所示。

表 13-4　日常检查的检查项目及检查点

序　号	检 查 项 目	检 查 点
1	异响检查	检查控制柜后风扇是否有异常噪声
2	通风检查	检查控制柜后风扇是否通风顺畅
3	管线附件检查	检查管线附件是否完整齐全，是否有磨损、锈蚀
4	外围电气附件检查	检查工业机器人外部线路、按钮是否正常
5	泄漏检查	检查排油口处是否有润滑油（脂）泄漏

2）季度检查

季度检查的检查项目及检查点如表 13-5 所示。

表 13-5　季度检查的检查项目及检查点

序　号	检 查 项 目	检 查 点
1	控制单元电缆	检查示教器电缆是否存在不恰当扭曲
2	控制单元的通风单元	如果通风单元脏了，先切断电源，再清理通风单元

续表

序　号	检 查 项 目	检 查 点
3	控制柜中的电缆	检查控制柜单元插座是否有损坏，弯曲是否异常，检查电动机连接器和航插是否连接可靠
4	控制柜内部螺钉的紧固检查	检查控制柜内部螺钉和外部主要螺钉是否松动

3）年度检查

年度检查的检查项目及检查点如表 13-6 所示。

表 13-6　年度检查检查项目及检查点

序　号	检 查 项 目	检 查 点
1	控制柜各部件	检查控制柜各部件是否存在问题，有问题的要进行处理
2	控制柜中的电缆	检查控制柜单元插座是否有损坏，弯曲是否异常，检查电动机连接器和航插是否连接可靠
3	控制柜内部螺钉的紧固检查	检查控制柜内部螺钉和外部主要螺钉是否松动

13.3.3　工业机器人控制柜定期检查与维护实操

工业机器人控制柜定期检查与维护任务操作表如表 13-7 所示。

表 13-7　工业机器人控制柜定期检查与维护任务操作表

序　号	操 作 步 骤
1	断开控制柜电源
2	打开控制柜的柜门，使用干净的擦机布将工业机器人控制柜的灰尘清理干净
3	从控制柜背面拆下外壳，检查散热风扇的叶片是否完整，有必要时进行更换
4	清洁叶片上的灰尘
5	打开控制柜的柜门，使用手持吸尘器吸取灰尘
6	在手动状态下，松开驱动使能器，观察安全停止状态是否正常
7	根据实际使用情况，在保证安全的情况下，触发安全信号，检查工业机器人是否有对应的响应

任务 13.4　工业机器人控制柜控制原理图识读与电路检查

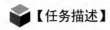【任务描述】

某公司的维护人员对工业机器人控制柜进行定期检查与维护，识读工业机器人控制柜的控制原理图，并进行电路检查。

【任务目标】

（1）了解工业机器人控制柜维护注意事项。

（2）识读工业机器人控制柜的控制原理图，并进行电路检查。

【所需工具、文件】

十字螺丝刀、一字螺丝刀、万用表、实训指导手册、控制原理图。

【课时安排】

建议 4 学时，其中，学习相关知识 2 学时；练习 2 学时。

【工作流程】

```
                                        ┌─ 了解控制柜维护注意事项
工业机器人控制柜控制原理图识读与电路检查 ─┼─ 识读工业机器人控制柜的控制原理图框架
                                        └─ 工业机器人控制柜电路维护实操
```

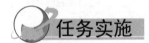

任务实施

13.4.1　了解控制柜维护注意事项

控制柜检查与维护应遵守以下注意事项，安全作业。

（1）在更换零件前，应先切断电源，5 分钟后再进行作业（切断电源后 5 分钟内请勿打开控制装置的门）。此外，请勿用潮湿的手进行作业。

（2）更换作业必须由接受过本公司工业机器人学校维修保养培训的人员进行。

（3）作业人员的身体（手）和控制装置的 GND 端子必须保持电气短路，应在同电位下进行作业。

（4）在更换零件时，切勿损坏连接电缆。此外，请勿触摸印刷基板的电子元件及线路、连接器的触点部分（应手持印刷基板的外围）。

13.4.2　识读工业机器人控制柜的控制原理图框架

了解工业机器人控制柜的控制原理图框架，不同品牌的工业机器人控制柜的控制原理图会有所不同，但控制原理图框架基本相似，如图 13-3 所示。

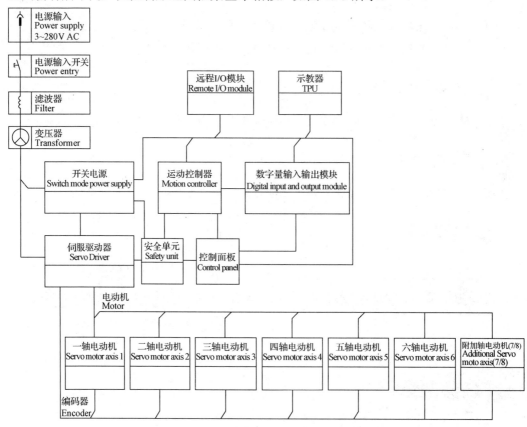

图 13-3　工业机器人控制柜的控制原理图框架

13.4.3　工业机器人控制柜电路维护实操

工业机器人控制柜电路维护任务操作表如表 13-8 所示。

表 13-8　工业机器人控制柜电路维护任务操作表

序　号	操作步骤
1	断开控制柜电源
2	打开控制柜的柜门，使用干净的擦机布，将工业机器人控制柜的灰尘清理干净
3	检查伺服驱动器单元接地是否正常，控制回路是否正常，并做好记录
4	使用数字万用表检查控制柜安全单元，测试安全控制回路是否正常，并做好记录
5	使用数字万用表检查控制柜扩展 I/O 板，测试 I/O 控制回路是否正常，并做好记录
6	查看控制柜内部电缆有无松动，线号有无破损，并做好记录

项目 14
工业机器人本体及控制柜故障诊断与处理

 **项目导言**

本项目围绕工业机器人维修岗位的职责和企业实际生产中工业机器人本体及控制柜故障诊断与处理的工作内容,对工业机器人本体及控制柜的故障诊断与处理进行了详细的讲解,并设置了丰富的实训任务,可以使读者通过实操进一步掌握工业机器人本体及控制柜的故障诊断与处理的方法和流程。

 项目目标

(1)培养诊断工业机器人机械故障的能力。
(2)培养处理工业机器人电气故障的能力。

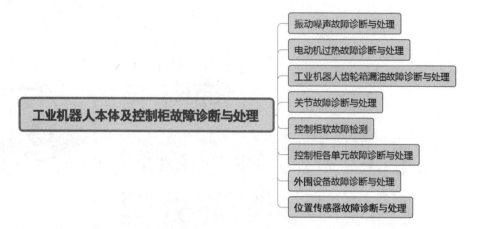

任务 14.1　振动噪声故障诊断与处理

【任务描述】

某公司工业机器人工作站的工业机器人本体在运动时产生了振动和异响，请根据工业机器人本体的故障诊断与处理的方法，对工业机器人本体进行振动噪声故障诊断与处理，恢复工业机器人的功能。

【任务目标】

（1）完成工业机器人本体振动噪声故障诊断。

（2）完成工业机器人本体振动噪声故障处理。

【所需工具、文件】

内六角扳手、十字螺丝刀、一字螺丝刀、数字万用表、实训指导手册、接油盒、漏斗、干净的擦机布。

【课时安排】

建议 2 学时，其中，学习相关知识 1 学时；练习 1 学时。

【工作流程】

振动噪声故障诊断与处理
- 了解常见振动噪声的产生原因
- 常见振动噪声的故障说明
- 振动噪声故障诊断与处理实操

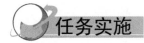 任务实施

14.1.1　了解常见振动噪声的产生原因

工业机器人在工作时会产生一些或大或小的噪声。例如，电动机、减速机运转；电磁阀、接触器吸合；末端执行器工作的声音等。在面对这些不同的噪声时，一般凭借经验初步判断工业机器人是否发生故障，如果听到的噪声刺耳或者不规律，大多数情况下是发生了机械故障。

在面对噪声故障时，维修人员单凭与客户的电话交流很难判断故障的具体情况，一般需要去现场进行实际诊断，对异响部位进行检查后确定后续的解决办法。如果是磨损等导致机械结构产生异响，应对异响部位进行清洁或者更换；如果是系统参数不合适导致机械结构产生异响，应重新设置并调节参数。

14.1.2　常见振动噪声的故障说明

引起工业机器人振动及异响的部件一般是减速机和电动机，根据故障现象可快速检查各部件是否正常，主要故障表如表 14-1 所示。

表 14-1　主要故障表

故障说明	减速机	电动机
过载[①]	○	○
发生异响	○	○
运动时振动[②]	○	○
停止时晃动[③]		○
异常发热	○	○
错误动作、失控		○

注：① 负载超出电动机额定规格范围出现的现象。

② 运动时的振动现象。

③ 停机时在停机位置反复晃动数次的现象。

当减速机损坏时会产生振动噪声，从而妨碍工业机器人的正常运转，导致其过载和偏差异常，出现异常发热现象。另外，还会出现完全无法动作及位置偏差，此时需要更换减速机。当电动机异常时，工业机器人在停机时会出现晃动、在运行时出现振动等异常现象。另外，还会出现异常发热和异常声音等情况，此时需要根据实际产生振动的关节排查是电动机故障还是减速机故障，再进行相应的更换。

14.1.3 振动噪声故障诊断与处理实操

振动噪声故障诊断与处理任务操作表如表 14-2 所示。

表 14-2 振动噪声故障诊断与处理任务操作表

序 号	操 作 步 骤
1	手动操作工业机器人，使工业机器人每个轴单独动作，确认是哪个轴产生的振动
2	确认油量计的油面，确保润滑油（脂）容量满足润滑要求，若油面处于一半以下，应补充润滑油（脂）
3	初步确认是哪个轴发生了故障，进一步检查轴承、减速机、齿轮箱
4	定位产生异响部件，然后进行更换
5	更换完成后，恢复工业机器人的功能
6	测试工业机器人的功能，完成故障排除

任务 14.2 电动机过热故障诊断与处理

【任务描述】

某公司工业机器人工作站在工作过程中有电动机过热现象，请根据工业机器人电动机过热故障诊断与处理的方法，对工业机器人进行电动机过热故障诊断与处理，恢复工业机器人的功能。

【任务目标】

（1）完成工业机器人电动机过热故障诊断。
（2）完成工业机器人电动机过热故障处理。

【所需工具、文件】

内六角扳手、十字螺丝刀、一字螺丝刀、万用表、实训指导手册、接油盒、漏斗、干净的擦机布。

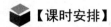【课时安排】

建议 2 学时，其中，学习相关知识 1 学时；练习 1 学时。

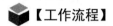【工作流程】

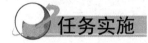

任务实施

14.2.1　电动机过热的常见原因

电动机过热的常见原因有以下几项。

（1）环境温度上升或因为安装了电动机盖板使电动机的散热情况恶化，导致电动机过热。

（2）电动机在超过允许平均电源值的条件下动作。

（3）当输入的工件数据不合适时，工业机器人的加减速将变得不合适，导致平均电流值增加，电动机过热。

（4）机构部件驱动系统发生故障导致电动机承受过大负载。

（5）电动机制动器发生故障，所以电动机始终在受制动的状态下动作，从而导致电动机承受的负载过大。

（6）电动机主体发生故障致使电动机自身不能发挥性能，从而导致过大的电流经过电动机。电动机过热故障属于电气故障，可通过检查负载情况或者周围环境温度等方法确认故障产生的原因。

14.2.2　电动机过热故障诊断与处理实操

电动机过热故障诊断与处理任务操作表如表 14-3 所示。

表 14-3 电动机过热故障诊断与处理任务操作表

序　　号	操 作 步 骤
1	使用示教器，观察各轴电动机的转矩百分比分布，查看是否有超负载情况
2	检查负载设定，更改合适的负载设置
3	检测周围环境温度，若温度过高，应进行降温处理
4	改善电动机周围的通风条件，或采用风扇降温
5	检查伺服电动机的抱闸，排除抱闸故障
6	恢复工业机器人的功能，完成故障排除

任务 14.3　工业机器人齿轮箱漏油故障诊断与处理

◆【任务描述】

某公司发现工业机器人工作站在工作过程中发生齿轮箱漏油现象，请根据工业机器人齿轮箱漏油故障诊断与处理的方法，对工业机器人进行齿轮箱漏油故障诊断与处理，恢复工业机器人的功能。

◆【任务目标】

（1）完成工业机器人齿轮箱漏油故障诊断。

（2）完成工业机器人齿轮箱漏油故障处理。

◆【所需工具、文件】

内六角扳手、十字螺丝刀、一字螺丝刀、数字万用表、实训指导手册、接油盒、漏斗、干净的擦机布。

◆【课时安排】

建议 3 学时，其中，学习相关知识 1 学时；练习 2 学时。

◆【工作流程】

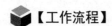

| 工业机器人齿轮箱漏油故障诊断与处理 | — | 工业机器人齿轮箱漏油的原因 |
| | | 工业机器人齿轮箱漏油故障诊断与处理实操 |

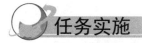 任务实施

14.3.1　工业机器人齿轮箱漏油的原因

工业机器人齿轮箱漏油的原因可能是铸件出现龟裂、O 形密封圈破损、油封破损、密封螺栓松动。

（1）铸件出现龟裂可能是因为铸件受到碰撞或其他原因使机构承受了过大的外力。

（2）O 形密封圈破损，可能是因为在拆解、重新组装时 O 形密封圈被咬入或切断。

（3）油封破损可能是因为粉尘等异物的侵入造成油封唇部划伤。

（4）密封螺栓松动导致润滑油（脂）泄漏。

处理工业机器人齿轮箱漏油故障大多数情况是直接更换漏油部件，在更换完成后继续运行工业机器人，观察是否漏油或是否有其他问题。

14.3.2　工业机器人齿轮箱漏油故障诊断与处理实操

工业机器人齿轮箱漏油故障诊断与处理任务操作表如表 14-4 所示。

表 14-4　工业机器人齿轮箱漏油故障诊断与处理任务操作表

序　号	操 作 步 骤
1	使用干净的擦机布或者其他清洁工具对漏油部位进行清洁，确认漏油的具体部位
2	通过检查漏油位置确认引起漏油的部件，在这一步中可以采用查看图纸、凭经验判断等方法进行确认
3	查看铸件是否出现龟裂，若有需要应更换相应部件
4	检查 O 形密封圈是否老化，若老化应更换 O 形密封圈
5	更换完成后，恢复工业机器人的功能，完成故障诊断与处理

任务 14.4　关节故障诊断与处理

 【任务描述】

某公司的工业机器人工作站在停止状态下发生了关节落下故障，请根据工业机器人关节故障诊断与处理的方法，对工业机器人进行关节故障诊断与处理，恢复工业机器人的功能。

【任务目标】

（1）完成工业机器人关节故障诊断。

（2）完成工业机器人关节故障处理。

【所需工具、文件】

内六角扳手、十字螺丝刀、一字螺丝刀、数字万用表、实训指导手册、接油盒、漏斗、干净的擦机布。

【课时安排】

建议 3 学时，其中，学习相关知识 1 学时；练习 2 学时。

【工作流程】

任务实施

14.4.1　了解造成关节落下的原因

造成关节落下的原因主要有以下几项。

（1）制动器驱动继电器故障，制动器线圈处于通电状态。制动器在电动机的励磁脱开后，起不到制动作用。

（2）制动蹄磨耗、制动器主体破损使制动器的制动情况恶化。

（3）润滑油（脂）等混入电动机内部，导致制动器滑动。

14.4.2　关节故障诊断与处理实操

关节故障诊断与处理任务操作表如表 14-5 所示。

表 14-5　关节故障诊断与处理任务操作表

序　号	操 作 步 骤
1	根据图纸的要求，检查各关节固定螺栓的力矩是否符合要求

续表

序　号	操 作 步 骤
2	根据控制柜接线图，确认制动器驱动继电器是否失效，如果失效，应更换继电器
3	确认制动器主体是否破损，润滑油（脂）是否侵入电动机内部，如果有以上情况应更换电动机
4	检测电动机电流，排查原因
5	检查传动减速机与轴承安装，排查原因
6	排除故障，恢复工业机器人的功能，完成故障诊断与排除

任务 14.5　控制柜软故障检测

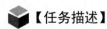【任务描述】

　　某公司的工业机器人工作站在运行过程中产生报警故障，工业机器人停止动作，请根据报警信息，对工业机器人进行控制柜软故障诊断与处理，恢复工业机器人的功能。

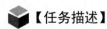【任务目标】

　　（1）完成工业机器人控制柜软故障诊断。
　　（2）完成工业机器人控制柜软故障处理。

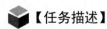【所需工具、文件】

　　内六角扳手、十字螺丝刀、一字螺丝刀、万用表、故障排除手册、接油盒、漏斗、干净的擦机布。

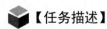【课时安排】

　　建议 3 学时，其中，学习相关知识 1 学时；练习 2 学时。

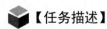【工作流程】

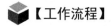

任务实施

14.5.1 控制柜常见软故障及处理方法

控制柜常见软故障及处理方法如表 14-6 所示。

表 14-6 控制柜常见软故障及处理方法

常 见 故 障	产 生 原 因	处 理 方 法
失去使能	在运动过程中失去使能一般出现在手动运行模式	接通使能
关节超限	关节位置超限；运动中关节超速	点动回到未超限状态；降低路径速度或者去除圆滑过渡
未选择程序	在运行时未指定程序	选择一个主程序
未使能	工业机器人没有使能	接通使能按钮
模式切换非法	处于自动运行模式时不能切换运行模式	不得进行模式切换
电池电量低	工业机器人编码器电量低	更换编码器电池
工业机器人零点丢失	更换电动机后或者更换工业机器人电池后	校准工业机器人零点

14.5.2 控制柜软故障检测实操

控制柜软故障检测任务操作表如表 14-7 所示。

表 14-7 控制柜软故障检测任务操作表

序 号	操 作 步 骤
1	打开报警画面，查看报警代码
2	点击"详细"，查看报警的履历
3	根据报警的履历，查找故障原因，根据故障排除手册排除故障
4	故障排除后，恢复工业机器人的功能

任务 14.6 控制柜各单元故障诊断与处理

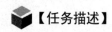【任务描述】

某公司工业机器人工作站的控制柜无法上电，工业机器人无法动作，请根据故障现

象，对工业机器人进行控制柜各单元故障诊断与处理，恢复工业机器人的功能。

【任务目标】

（1）完成工业机器人控制柜断路器故障诊断。

（2）完成工业机器人控制柜示教器故障诊断。

（3）完成工业机器人主控板故障排除。

（4）完成工业机器人 I/O 控制模块故障排除。

【所需工具、文件】

内六角扳手、十字螺丝刀、一字螺丝刀、数字万用表、实训指导手册。

【课时安排】

建议 3 学时，其中，学习相关知识 1 学时；练习 2 学时。

【工作流程】

| 控制柜各单元故障诊断与处理 | 了解控制柜各单元的常见故障 |
| | 控制柜各单元故障诊断与处理实操 |

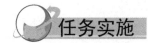

任务实施

14.6.1　了解控制柜各单元的常见故障

控制柜各单元的常见故障如下所示。

（1）断路器不通电，在确认电源已介入的情况下，控制柜不能上电。

（2）示教器不通电，控制柜上电后，示教器无显示。

（3）示教器界面长时间无变化，且无法对操作做出反应。

（4）工业机器人 I/O 模块无信号，将输入信号发送给工业机器人，工业机器人无法做出回应。

14.6.2　控制柜各单元故障诊断与处理实操

控制柜各单元故障诊断与处理任务操作表如表 14-8 所示。

表 14-8　控制柜各单元故障诊断与处理任务操作表

序　号	操 作 步 骤
1	检查上级断路器是否合闸，若未合闸，闭合断路器
2	打开控制柜的柜门，根据控制柜接线图，检查接线端子是否松动，若松动应进行紧固
3	检查主电路熔断器是否熔断，如果熔断，应进行更换
4	检查示教器电缆是否有异常松动，若紧固后仍未解除故障，更换示教器
5	示教器画面长时间无变化，可更换后面板或者主板
6	根据控制柜的电气原理图，检查 I/O 模块供电接线，若供电正常，更换 I/O 模块
7	更换 I/O 模块后，工业机器人再次通电，测试工业机器人是否正常

任务 14.7　外围设备故障诊断与处理

【任务描述】

某公司的焊接工作站在工作时发生故障，初步判断是工业机器人的外围设备发生故障，请根据故障现象，对焊接工作站外围设备进行故障诊断与处理，恢复焊接工作站的功能。

【任务目标】

（1）完成工业机器人外围设备故障诊断。

（2）完成工业机器人外围设备故障处理。

【所需工具、文件】

内六角扳手、一字螺丝刀、数字万用表。

【课时安排】

建议 3 学时，其中，学习相关知识 1 学时；练习 2 学时。

【工作流程】

外围设备故障诊断与处理 —— 外围设备的常见维护方法

外围设备故障诊断与处理实操

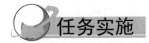

任务实施

14.7.1　外围设备的常见维护方法

1）PLC 的维护

一般 3 年维护一次 PLC。维护方法是：程序备份好，打开控制柜，主要观察各模块的电源部分和 I/O 部分，检看是否有性能不好的元器件。在检查 CPU 模块时应先洗手减小静电，再进行操作，最后确定电池容量是否正常，如果容量减小，最好更换电池。

2）稳压电源的维护

一般 1～3 年维护一次稳压电源。维护方法是：先打开稳压电源，清除其内外的积尘，然后观察电路板线路是否有污染氧化，因电源的电压和电流都比较大，要确定线路之间没有虚短路和干扰再观察电路板上的元件是否有变形或直接埙坏。因为工业产品的综合性能比较好，选择的量程也比较大，所以并不见得能用的元件就是好的。以电容为例，若有一个或两个漏电，有时照样能用，但是肯定会缩短电容的使用时间，并且有可能造成整机报废，所以一定要做好维护保养，保证风扇良好、风道通畅。

3）定期检查电气部件

检查各插头、插座、电缆、继电器触点是否出现接触不良和短路故障等；检查各印刷电路板是否干净；检查主电源变压器、各电动机的绝缘电阻是否大于 1MΩ。平时尽量少打开电气柜门，保持电气柜内干净清洁。

4）气动装置维护保养

应保证为气动装置供给洁净的压缩空气；保证气体中含有适量的润滑油；保证气动系统的密闭性；保证气动元件中运动零件的灵敏度；保证气动装置具有合适的工作压力和运行速度调节工作压力。气动元件的定期检查主要是彻底处理系统的漏气现象。例如，更换密封元件，处理管接头或连接螺钉松动的问题，定期检验测量仪表、安全阀和压力继电器等。

14.7.2　外围设备故障诊断与处理实操

外围设备故障诊断与处理任务操作表如表 14-9 所示。

表 14-9　外围设备故障诊断与处理任务操作表

序　号	操 作 步 骤
1	检查上级断路器是否合闸，若未合闸，闭合断路器
2	打开控制柜的柜门，检查接线端子有无松动，若松动应进行紧固
3	检查主电路熔断器是否熔断，若熔断应进行更换
4	检查气动回路的气源压力是否正常，各气动执行机构的动作是否正常
5	检查传输带各检测传感器是否出现短路、断路现象，传输带各控制回路是否正常
6	排除故障，完成故障诊断与处理

任务 14.8　位置传感器故障诊断与处理

【任务描述】

某工业机器人工作站的位置传感器在到达设定位置时无法实时响应，请根据实际情况分析发生故障的原因，并根据实训指导手册完成位置传感器故障诊断与处理。

【任务目标】

（1）分析位置传感器无法实时反馈的原因。

（2）根据实训指导手册完成位置传感器故障诊断与处理。

【所需工具、文件】

内六角扳手、十字螺丝刀、一字螺丝刀、数字万用表、实训指导手册。

【课时安排】

建议 4 学时，其中，学习相关知识 1 学时；练习 3 学时。

【工作流程】

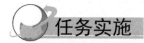
任务实施

14.8.1　位置传感器的基本作用

在维修、调试工业机器人及工作站的过程中，位置传感器是最常见的传感器。位置传感器一般由光电传感器、激光传感器、编码器等组成，可以反馈各运动部件的位置。位置传感器一般将各运动部件的各机构状态反馈给工业机器人工作站，如气缸伸出到位、工件检测到位或工业机器人关节轴运动位置。

14.8.2　位置传感器产生故障的原因

1）传感器供电错误

找到出现问题的位置传感器后，检查位置传感器的电源是否正常，使用数字万用表测量位置传感器两端的电源和电压并判断是否正常，如果出现供电不正常的问题，应查找工业机器人电路的接线是否正常。

2）传感器损坏

在测试位置传感器供电正常后，应该测试位置传感器是否有输出，待位置传感器正常供电后，测试位置传感器的输出端，根据位置传感器的种类选择合适的测试工具。例如，金属传感器需要使用金属材料靠近该传感器，再使用数字万用表测量输出端是否能够正常输出。如果在位置传感器供电都正常的情况下仍然没有正常的输出，则可以判断该传感器已损坏需要更换。

3）接线错误

在保证位置传感器供电正常并且测试输出也正常的情况下，工业机器人仍然不能正常运行，则需要检查一下位置传感器输出线与控制器之间的线路是否正常，检测当位置传感器检测到物体时控制器是否有信号输入。

14.8.3　位置传感器故障诊断与处理实操

位置传感器故障诊断与处理任务操作表如表 14-10 所示。

表 14-10　位置传感器故障诊断与处理任务操作表

序　号	操　作　步　骤
1	断开工业机器人工作站电源

续表

序　号	操 作 步 骤
2	打开控制柜的柜门，使用干净的擦机布，将工业机器人控制柜的灰尘清理干净
3	根据工业机器人的停止位置初步判断单元模块，根据电气原理图查找单元模块上位置传感器的 I/O 信号是否存在断路、短路现象
3	检查单元模块上的位置传感器是否损坏，确认电源的电缆是否损坏
4	确认位置传感器电源和电压是否正常
5	确认各执行机构是否运动到位
6	故障处理，关闭控制柜的柜门，上电重启，完成故障诊断与处理